U0416314

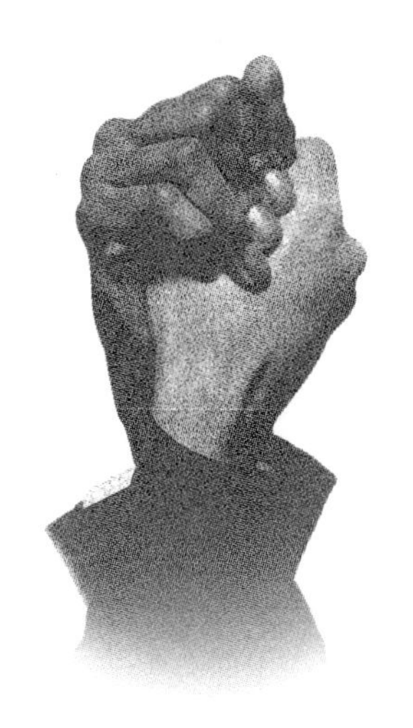

合作之道

博弈中的共赢方法论

潘天群/著

北京大学出版社
PEKING UNIVERSITY PRESS

图书在版编目(CIP)数据

合作之道:博弈中的共赢方法论/潘天群著. —北京:北京大学出版社,2010.1

ISBN 978-7-301-15906-4

Ⅰ. 合… Ⅱ. 潘… Ⅲ. 对策论-研究 Ⅳ. O225

中国版本图书馆 CIP 数据核字(2009)第 173712 号

书　　名:合作之道——博弈中的共赢方法论
著作责任者:潘天群　著
责 任 编 辑:闵艳芸
标 准 书 号:ISBN 978-7-301-15906-4/F·2309
出 版 发 行:北京大学出版社
地　　址:北京市海淀区成府路 205 号　100871
网　　址:http://www.pup.cn
电　　话:邮购部 62752015　发行部 62750672　编辑部 62750673
出版部 62754962
电 子 邮 箱:mingyanyun@163.com
印　刷　者:北京汇林印务有限公司
经　销　者:新华书店
650 毫米×980 毫米　16 开本　16.75 印张　244 千字
2010 年 1 月第 1 版　2010 年 1 月第 1 次印刷
定　　价:32.00 元

目　录

导　论

一、文明的新阶段

人类已经认识到自然不应是征服和利用的对象，而是生存的家园，这样的家园应当是温馨的、美丽的，因而人与自然的关系应当是和谐的；人类早已认识到，人与人之间的关系应当是友善的、和睦的。然而，正如人们没有停止对自然的征伐一样，人与人之间的冲突不断。

一方面宗教呼唤爱人：爱你的邻人，甚至爱你的敌人；另外一方面借助于各种名义的各种严重冲突包括宗教冲突，在世界各地上演。人们倡导爱，因为世界上有太多的冲突，而爱可以消除冲突。然而，现实世界是残酷的，大规模的杀戮与死亡不断。可以说，人类的许多悲苦不是来自于自然，而是来自于他人，来自于构成互动关系即"博弈"关系的他人。

随着科技的进步，除了威力巨大的常规武器外，人类拥有了数量庞大的核武器、威力巨大的生化武器……这些武器不是为了对抗人类之外的敌人的，而是对抗被称为敌人或可能的敌人的其他人的。今天，一旦发生大规模的冲突，人类将万劫不复。

人从动物中分化出来，但是人身上保留了动物所拥有的那种争斗特性。不同的是，人没有了可争斗的其他物种对象，争斗的对象是他人，并且这个对象往往被冠以"敌人"的名称。这种争斗为了个人的利益，或为了组织的利今天，人类比任何时候都需要合作。人类面临太多的“共同难题”。通过合作，人类将克服这些“我们的问题”。

益。动物界发生争斗，因为生存资源是固定的或几乎是固定的；我们从动物中走出来，在我们的思维中仍带有“常和博弈”的思维方式。在动物那里，争斗是本能地进行；而在人类这里，这样的行为是理性的，其激烈程度是动物界所不能比拟的。

尽管争斗不是十恶不赦的，它对人类的进步贡献巨大：多种文明在相互争斗中碰撞和传播；争斗也有助于保存人渐趋弱化的体力并促进人类的智力……但是争斗往往违反人本主义，它的社会成本也巨大。

对于平息人类之间的纷争，人类做出的努力是艰巨的。圣哲们的各种努力形成了人类的思想，但这些努力似乎没有多大效果，人们从自然的争斗演变成有思想的争斗。

我们需要改变我们的思维：以友善与合作的态度对待他人，而不是争斗的思维。在合作的关系中，人与人之间不再是充满敌意的，而是互利的。这种关系是相互友善的，尽管这友善是建立在利益之上的，但这当然比相互倾轧、相互为敌的关系要好。

今天，人类比任何时候都需要合作。人类面临太多的“共同难题”。大规模毁灭性武器的存在、宗教之间的冲突、全球气候变暖、恐怖主义肆虐，等等。这些问题不是“你的”，也不是“我的”，而是“我们的”；通过合作，人类将克服这些“我们的问题”。在合作中，人的生存价值得以实现，人类文明才能够更上一层楼，走向一个新的发展时代。

我们生活在与他人构成的社会之中，因而与他人处于许多“博弈”之中。我们无处可逃。

二、博弈中的人们

我们能够想象“采菊东篱下，悠然见南山”的意境，但我们无处去体验那样的生活。我们生活在与他人构成的社会之中，因而与他人处于许多“博弈”之中。我们无处可逃。

莎士比亚戏剧中的主人翁哈姆雷特说：“生存还是死亡，这是一个问题。”哈姆雷特所面临的是一个什么问题？哈姆雷特的叔叔谋害了他的父亲，篡夺了王位，强娶他的母亲，哈姆雷特父亲的鬼魂将真相告诉了他。哈姆雷特所面临的问题是一个博弈之中的决策问题。

博弈（Game）本意为“游戏”，今天，它泛指理性人的交互行动（interaction），因而可以认为它是“广义的游戏”。一个博弈涉及两个或两个以上的参与人；每个参与人有行动选择的可能；每个人试图用推理选择行动使自己的利益最大，即参与人是理性的，并且每个人是理性的是博弈中的所有参与人之间的公共知识；在这样的互动中，每个参与人的利益不仅取决于他自己的行动选择，而且取决于他人的行动选择。

博弈论（Game theory）是西方世界发展起来的理论。在翻译成中文时，学者们便用“博弈论”指称“game theory”、“博弈”指称“game”。博弈论是一门什么样的学科呢？

博弈不等于竞争，博弈论不等于竞争论，博弈既包括“竞争”又包括“合作”，博弈论是关于竞争和合作的理论。

博弈论是社会科学的数学，或者说是研究社会的数学。它的发展与经济学的发展密切相关。经济学研究经济人的活动，它关心市场上经济主体之间的竞争和合作。经济学家对寡头垄断的研究，形成了“博弈模型”，如古诺模型、斯坦伯尔格模型等。1944 年数学家冯·诺依曼和经济学家摩根斯坦联手出版了《博弈论与经济行为》，博弈论这门学科便诞生了。今天，博弈论已经成为整个社会科学而不仅仅经济学的工具。

在博弈中，人们的决策是互动的，博弈论也称交互决策的理论，也有人称博弈论为“研究竞争和合作的理论”。博弈论是一门有广泛应用前景的学科。这里，有两个错误认识需要纠正。第一，有人认为博弈即是竞争，因而博弈论研究的是如何竞争的理论；我要说的是，博弈不等于竞争，博弈论不等于竞争论，博弈既包括“竞争”又包括“合作”，博弈论是关于竞争和合作的理论。第二，期望通过学习博弈论获得“额外的”利益是一个错误，在博弈论中假定了参与人是一样的“聪明”，它是关于聪明人如何进行竞争或合作的，而不是像《孙子兵法》那样教人们如何在战争中决策制胜的，尽管学习博弈论有助于“争胜”。

人是语言的动物，不同社会的不同阶段人们的词汇在发展。在今天，“博弈”已经成为我们这个汉语文化体中被频繁使用的概念。

“博”和“弈”，在中文中本意为两种游戏。前者指的是“六博棋”，这种棋起于夏，宋时则不流行，今天则已经失传。李白曾有这样的诗句：“六博争雄好彩来，金盘一掷万人开。”弈(通奕)指的是围棋，可追溯到先秦，一直延续进行博弈的人要“用心”。这也是博弈的要义:博弈中的参与人是推理或计算的。

至今。最早将“博”和“弈”两者“联”在一起使用的是孔子。孔子说:“饱食终日,无所用心,难矣哉!不有博弈者乎?为之犹贤乎已。”(《论语·阳货》)孔子的意思是,玩玩“博”和“弈”,可以动动脑子,总比整天饱食终日,闲着要好。今天,用“博弈”泛指人们之间的“游戏”。根据孔子的说法,进行博弈的人要“用心”。这也是博弈的要义:博弈中的参与人是推理或计算的。

社会中的每个人是多种博弈的参与人。从个人角度来说,我们的一生将进行无数的博弈。我们的一生可能是成功,也可能是不成功的。而所谓成功的人往往是这种情况,在大多数博弈或重要的博弈中获得成功;自然地,不成功的人则是在大多数博弈中或在重要的博弈中失败的人。然而,“愚者千虑必有一得”,即使被认为是最不成功的人,当他老了回忆自己的一生时,也有自我欣赏的“得意之作”,它们构成他生命中的闪光点。

社会是由我们这些“乌合之众”所构成,我们这些“乌合之众”的每一个行动左右着宏观指标:我们在股票市场中的决策决定了各个股票的价格变化和股票指数的升跌;我们将钱存入银行还是消费,决定着经济发展;我们决定购买哪家商家的商品、将钱存入哪家银行决定这些商家和银行的生死……我们无心决定这些量,这些量不是我们所考虑的,我们关心的是与我们自己的生存密切相关的事情,但当我们关心我们每个人的小事时便无意中决定了这些大事。

合作首先是一个态度问题。然而，光有态度是不够的，合作能否实施，重要的是方法。

三、合作不仅仅是一个态度

人类社会存在不同类型的博弈。在本书中我要做的是，分析在不同的“博弈”中参与人是如何合作或“应当”如何合作的。

合作首先是一个态度问题。若对待他人永远是敌对或斗争的态度，那么，他人也会这样对待我，孔子说：“己所不欲，勿施于人。”西方人说，你若要他人善待你，请首先善待他人。友善的人能够获得友善的回报，友谊在互动中产生；以敌意待人，他人也会对你不友善，除非对方是佛、是圣贤。

有人说过，你以什么样的眼光看世界，世界就是什么样子；我要说的是“投之以木瓜，报之以琼琚”：你以什么样的态度对待他人，他人也会以同样的态度对待你。因为，他人与你交往的过程也是一个不断学习的过程。

因此，在社会中，我们首先要有一个合作的态度，这个态度是能够进行合作的前提。

然而，光有态度是不够的，合作能否实施，重要的是方法。原因在于，实际情势下所出现的情形不同，人们有可能目标不一样，博弈结构不一样，因而采取的合作方法自然也不一样。

通过合作走向“共赢”，在不同博弈结构下，有不同类型的合作，因而“共赢”有不同的含义。在某些博弈下，“共赢”意味着参与人“共同避免更糟”；

在不同博弈结构下，有不同类型的合作，因而“共赢”有不同的含义。在某些博弈下，“共赢”意味着参与人“共同避免更糟”；有些情况共赢意味着参与人“共同寻求更好”……

有些情况共赢意味着参与人“共同寻求更好”……当然，在合作中，参与人的“目标”不是以与他人共赢，更不是“他赢”，而是“我赢”。在资源争夺中尤其是涉及到国家领土的博弈中，我们不能也不会发扬“共产主义风格”，此时的共赢是在“我赢”条件下的“共赢”，而这里的“共赢”的意思是，“我赢”的结果是他人所接受的。在分析中，本人使用的例子可能“小”了些，但这不妨碍读者从中领悟“共赢”的方法论，从而去完成“大事”。

本书运用了博弈论的基本知识，但本书不是博弈论的。本书没有专门讲解博弈论知识。本书属于“行动方法论”或“合作共赢的方法论”的内容。在博弈论中有这样一个划分，博弈被分为“合作性的博弈”（又称联盟博弈）和“非合作性的博弈”，该划分与本书中的合作与非合作的界定存在层次上的不同。本书采取的划分根据是参与人能否建立有约束力的协议的联盟。为了避免混淆，我们把“合作性博弈”称为“联盟博弈”，非合作性博弈称为“非联盟博弈”。

本人这里倡导合作，但不是在教化读者。本书也不是伦理学著作。我想，任何人都不愿意听“你应该如何……”之类的教导，因为根本不存在伦理知识这样的东西，因而不存在如科学家那样的伦理学家——他拥有很多的伦理知识因而有教导他人伦理教条的资格。本书一方面考察人们在现实中是如何合作的，另外一方面分析在各种场合下理性的参与人应当如何合作。

第1章　囚徒困境:理论破解与现实之道

囚徒困境:博弈各方通过各自的理性计算,均选择"不合作"作为彼此展开互动行动的策略,由此陷入困境:每个人均选择"不合作"是必然的,然而每个人在均"不合作"状态下的收益比均"合作"状态下要差!

企业为了争夺市场的恶性竞争到世界范围内的军备竞赛、环境污染,囚徒困境似乎无处不在。我们很容易用"不理性"几个字去评价在囚徒困境中挣扎的人们,然而,当我们知道这种不理性的局面居然是个体经过理性计算后的自觉选择,我们会不会疑惑于目的和结果之间的悖谬关系呢?

囚徒困境究竟是怎样形成的?

由理性的局限导致的这样的人类的普遍困境能不能够通过理性自身又得到克服?

一、囚徒困境

假定你是一家航空公司的 CEO,在南京飞往北京的航线上有多家航空公司,其中一家是你所管理的航空公司。你们提供同质的旅行服务。在某一个时刻,你和他人所提供的票价都是 1000 元。这个价格当然是弹性的或是暂时的。顾客有选择航空公司的权利,而决定顾客选择哪家航空公司的唯一因素便是价格。航空公司的通常做法是对机票进行打折,我们假定有固定的折扣——七折(票价 700 元),现在的问题是,你提供打折还是不打折的机票?

你会这样考虑:若其他公司维持原价而不打折,我打折比不打折要好,因为这样将有更多的顾客;若他人打折,我当然也要打折,否则我将失去顾客。因此,你的结论是,无论是他人打折还是不打折,你都要打折。

打折确实是你的合理选择,然而,他人与你处于同样的决策情景,他们的推理得到与你同样的结论:打折。因此,你们每个人分别理性地选择了打折。然而,假定交通工具不具有替代性,你们的客源是固定的,这些顾客不会因为你们的打折而增加,这些顾客在你们这些公司中分配。若你们均不打折,每家公司均获得最大利益:1000 元 × 平均顾客数。但是,你与他人为了自己得到更多的客源而打折,你们每家得到了一个较差的收益 700 × 平均顾客数。

囚徒困境:博弈中的双方经过理性计算,均采取不合作策略,由此陷入两败俱伤的境地。

然而,七折并不是你们的最后折扣,你们将会将打折进行到底……

你和他人的策略选择的互动构成一个"博弈"。在这个博弈中,你与对方便陷入了这样一个困境,竞相打折是理性选择的结果,但它是自杀的,不打折是最好的结果,但它实现不了。

在上面的例子中,你所陷入的困境是现实中诸多困境中的一个,这样的困境被称为"囚徒困境"。而之所以被称为囚徒困境,是因为博弈论专家最初借用如下两个囚徒的例子来进行分析的:

两个共同作案偷窃的小偷被警察抓住,被带进警察局单独审讯。他们面临"坦白从宽,抗拒从严"的政策:如果一方向警方招认并揭发对方以前的犯罪行为,而对方不招认,招认者将当场释放,不招认的另一方则会被判重刑10年;如果双方都揭发对方,双方都有揭发他人的表现,但每人都被证明有罪,则各被判刑5年;而如果双方均不招认,因警察找不到他们以前犯罪的证据,只能对他们当下的偷窃行为进行惩罚,则各被拘留3个月。

若我们用甲、乙表示这两个小偷,不同情况下他们的收益或支付可表示成如下一个矩阵(这样的矩阵被称为支付矩阵):

		乙	
		招认	不招认
甲	招认	(判刑5年,判刑5年)	(当场释放,判刑10年)
	不招认	(判刑10年,当场释放)	(拘留3个月,拘留3个月)

囚徒困境

如在甲招认、乙不招认的情况下,(当场释放,判刑10年)表示甲的"收益"为当场释放,乙被判刑10年。

这两个小偷的理性选择是:招认。即无论对方是招认还是不招认,自己选择招认是最优的。这个博弈的双方的理性选择为:双方都招认。双方的收益为:双方均被判刑5年。

然而,若这两个囚徒双方"相互合作",即都选择不招认,双方的结果是:双方均被拘留3个月。这个结果好于双方都招认。但这个博弈结果能够实现吗?当然不能,因为他们各自的"理性计算"告诉他们,选择招认(即不合作)是合理选择。这两个囚徒陷入了困境。

博弈论专家将这一类博弈统称为"囚徒困境"(prisoner's dilemma)。它最先是由普林斯顿大学的塔克(Albert Tucker)教授于20世纪50年代提出的。

在博弈中,参与人被假定为理性的。当然,现实中的我们确实是有理性的。只要告诉我们推理规则,我们每个人能够从"已知的"前提得到"未知的"结论,即我们都能够推理;人被认为与其他动物的不同就在于,人有这样的能力。这样的能力便是"理性"。

这里的推理指的是演绎推理。人也能够进行归纳推理,但归纳推理不是人所独具的,它似乎是所有动物的本能。这样,所谓理性便等于演绎逻辑。

人便是这样一个生物存在,他的心灵能够对抽象规律进行把握,如"部人的理性不仅表现对真理的认识上，而且表现在行动的选择上。理性便是指人具有这样一个选择最优行动的能力。行动选择便是决策。

分”与“整体”之间的关系，“是”与“非”（“不是”）之间的关系。这些规律不是关于外部世界的物理规律，而是理念世界的规律；它们是不可错的。

人的理性不仅表现对真理的认识上，而且表现在行动的选择上。我们的生存状态与行动选择相关，当我们为了生存得更好时，我们需要从诸多行动中确定出一个最优行动来，在行动中人的理性便表现在这样的选择之中，也可以说，理性便是指人具有这样一个选择最优行动的能力。行动选择便是决策。

人们的行动与环境密不可分。你能够想象一个没有行动环境的行动主体吗？我想，不能。我国古代神话中的神仙包括玉皇大帝的能力比人要大，但他们也在环境之中。上帝是在某个环境之中吗？这是一个问题。我们用一个名称称谓一个东西，便假定了其与其他东西之间存在区别，而其他东西便是环境。

行动决策取决于环境。然而，农民根据季节种植庄稼的行动，和武士面对敌人而选择出招方式的行动，是不一样的。前者的决策环境是自然，后者的决策环境是他人。某个行动主体的环境是其他与之有相同类型的行动主体，这便是博弈。

现实中的博弈往往比较复杂。在现实中，我们设计了许多相对简单的人工智力游戏，即狭义的博弈——游戏。如象棋、围棋、扑克等，当然，更为简单的人工智力博弈有“锤子—剪刀—布”，以及体育竞技博弈，如各种球类竞赛、掰手腕等等。

对于人类社会而言,这些博弈是有用的:可以"益智",可以锻炼身体,可以打发时光、去除无聊,可以消耗人的多余的精力,可以用来增进交流或者用作进一步交流的手段,如 1971 年中国与美国之间的"乒乓外交"那样,等等。对之的考察不是我这里的工作。

理论家将博弈广义化:将所有的多人行动的互动都称为博弈,这样一门被称为博弈论的学科诞生了。这也是西方科学研究的特点或一般规律,研究一类现象,发明概念,构建理论,形成传承。自然科学如此,人文社会科学也如此。

一个博弈是多个人之间的互动。而一个最简单的博弈为:两个参与人,每个参与人只有两个可选的策略。这样,有四个策略组合及策略组合下的博弈结果。让我们来分析这类最简单的博弈。

在这类最简单的博弈中,某个参与人在自己的行动确定的情况下,他人两个行动有两个可能的结果,这两个结果可能相同也可能不同。这样,在一个简单的博弈中任一参与人有四个可能的博弈结果。

假定参与人对这四个可能的博弈结果有严格的排序,即任何两个可能的结果相比必定是一个比另外一个更好而不会出现"无差异"的情况,那么,总所谓纳什均衡是一个稳定的策略组合点，在该点上没有人愿意主动改变策略，因为所有参与人的收益在他人策略不变的情况下是最优的。

共有78种完全不同的博弈。[①] 而如果考虑博弈结果能够是相同的情况，总共有两百多种可能的博弈。

在这些博弈中，囚徒困境为其中的一种。

考虑这样一个博弈：甲、乙两人各有两个策略：合作与不合作。各策略组合下的"支付矩阵"为：

甲

乙		合作	不合作
	合作	(3,3)	(1,4)
	不合作	(4,1)	(2,2)

无论是甲还是乙，"不合作"是"占优策略"，"合作"是被占优的：若对方采取合作策略，自己采取不合作策略优于合作策略；若对方采取不合作策略，自己采取不合作策略同样优于合作策略。这个博弈有唯一的纳什均衡(2,2)——所谓纳什均衡是一个稳定的策略组合点，在该点上没有人愿意主动改变策略，因为所有参与人的收益在他人策略不变的情况下是最优的。

在这个博弈中，只存在一个纳什均衡，该均衡为这个博弈的最后结果。在这个结果中每个人的收益各为2。

我们可以看到，这个均衡结果(2,2)比双方均采取"合作"的结果(3,3)

① 拉波波特(Anatol Rapoport)和古耶(Melvin Guyer)1966年在"2×2博弈的分类"("A Taxonomy of 2×2 Games", *General System: Yearbook of the Society for General System Research* 11: 203—14)一文中作了详细研究。

现实生活中的许多例子其结构就是囚徒困境:军备竞赛、公共地悲剧、环境污染,本人用之来解释我国基础教育困境模型。

要差。但是,双方均合作的结果无法在博弈中实现!

若一个博弈只有一个纳什均衡,这个博弈将实现这个均衡,即这个均衡是可预测的。在囚徒困境博弈中,参与人能够预先预测双方“不合作”这个最后结果。

人们发现,现实生活中的许多例子其结构就是囚徒困境。这个博弈模型有广泛的解释力,如可作为军备竞赛、公共地悲剧、环境污染等的模型,本人用之来解释我国基础教育困境模型①。

在这类博弈中,每个理性的参与人通过理性的分析,得出“不合作”行动是最优的选择。即每个人均不合作的均衡,是群体中每个人理性选择的结果。然而存在“更合理”的结果——每个人均“合作”。对于这个更合理的结果,每个囚徒的理性能够通过分析而得出,但是它是不可实现的!

我们设想有一个包含甲乙两个人的“集体”,这个集体有一个支付函数即利益函数。我们假定有这样一个总的支付函数 $f(x,y)$,它的值为双方的支付值之和,而变量为双方的策略。即:$f = f(x,y) = u_1(x,y) + u_2(x,y)$,其中,x 为甲的策略,y 为乙的策略。对这个集体而言,该如何进行策略选择呢?

这个集体的效用函数 f 的值见下面的支付矩阵:

---

① 潘天群:《博弈生存》(第 2 版),中央编译出版社 2004 年版。

如何使理性的囚徒走出困境即走向合作？

乙 \ 甲	合作	不合作
合作	6	5
不合作	5	4

双方合作时双方总收益大于一方合作另外一方不合作，也大于双方都不合作的总收益：6 >5 >4。

有人说，双方的总收益凭什么直接将两人的收益加总？双方的重要程度可以是不同的。若我们计算“集体”总收益时进行加权，$f(x,y) = \alpha u_1(x,y) + \beta u_2(x,y)$，其中 α，β 分别为甲、乙的权重，它们大于 0。然而，我们看到不管权重 α、β 为何值，双方采取合作时总收益大于双方不合作的收益！

有人说，根本不存在被称作“集体”的参与人，只存在两个分别的“理性个体”，你凭什么这样假定？确实如此。正因为不存在作为一个参与人的“集体”，对于它的一个均合作的集体理性结果不能实现。

如何使理性的囚徒走出困境即走向合作？

二、有限次重复囚徒困境博弈中的不合作

假定两个人“重复”进行有限次的囚徒困境博弈，并且这个有限次数为博弈参与人之间的公共知识，参与人的总收益为各次囚徒困境博弈中的收益

动态博弈是指一个博弈分为多个子博弈或博弈阶段，每个参与人在行动选择中能够观察到上一个子博弈或博弈阶段中他人的行动而行动。重复囚徒博弈作为动态博弈的特殊性在于每个子博弈是一个同时行动的囚徒困境博弈。

之和，次数为有限次。博弈结果如何？

重复囚徒困境博弈为特殊的动态博弈。动态博弈是指一个博弈分为多个子博弈或博弈阶段，每个参与人在行动选择中能够观察到上一个子博弈或博弈阶段中他人的行动而行动。武打电影中的侠客之间“轮流出招”便是动态博弈。重复囚徒博弈作为动态博弈的特殊性在于每个子博弈是一个同时行动的囚徒困境博弈。

在重复囚徒困境中，在最后一阶段的囚徒困境博弈中，理性的参与人都应当选择“不合作”（因为“不合作”的收益高于“合作”的收益），倒数第二阶段也应当选择不合作，……第一阶段也应当选择“不合作”。因此，一个有限次的重复囚徒困境的博弈结果是，各方的合理选择是每步都不合作！

求解动态博弈的这样一种从最后一步向前推的方法被称为逆向归纳法。通过这种方法而得到的动态博弈的解被称为子博弈精炼纳什均衡解。

在有限次的重复囚徒困境博弈中其解是每步都不合作，这个解是奇怪的。

有限次的重复囚徒困境博弈的另外一种形式是“蜈蚣博弈”。我们通过分析著名的蜈蚣博弈来看这个奇怪的结论。

蜈蚣博弈为罗森塔尔（R. Rosenthal）在 1981 年提出，我们这里采取的是 R. 奥曼（Aumann，1998）论文中的形式，并做了少许改动。[①]

① Aumann, R. J. “Note on the centipede Game”. *Games and Economic Behavior*, 1998, vol 23, pp. 97—105.

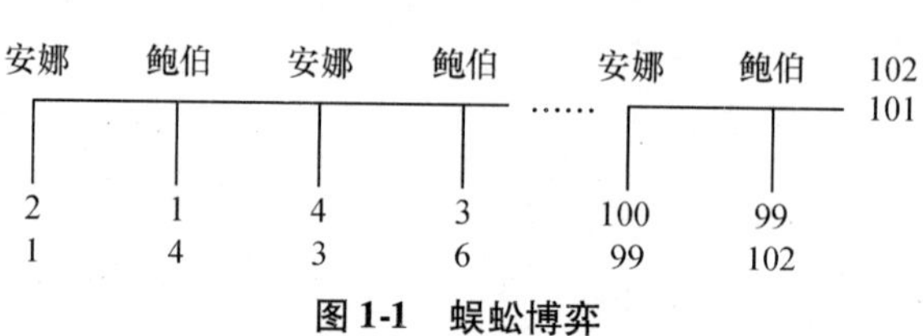

图 1-1　蜈蚣博弈

这个博弈有两个参与人,安娜和鲍伯。该博弈从安娜开始,她有两个策略"合作"和"不合作",若她选择"不合作",博弈即刻终止,安娜得到 2,鲍伯得到 1;若她选择"合作",那么博弈继续进行,由鲍伯开始选择。鲍伯同样有"合作"和"不合作"两种策略。在这第二轮选择中,若鲍伯选择"不合作",博弈终止,选择"合作",博弈继续进行……在这个博弈最后一轮,即第 100 轮,若鲍伯选择"不合作",他所得 102,安娜得 99;若他选择"合作",鲍伯得 101,安娜得 102。

因这个博弈树形状像蜈蚣,因而被称为蜈蚣博弈。

在这里我们假定了,总的步数 100 是一个双方都知道的有限数。严格地说,我们假定了,该博弈的总步数 100 为双方的公共知识(common knowledge)①。

可以用逆向归纳法来分析这个博弈:在最后一步,鲍伯在"合作"与"不合作"中进行选择时,因为"不合作"带给他的好处是 102,而"合作"的好处是

① 某个命题 p 是某个群体的公共知识是指:该群体中的每个人知道 p,每个人知道每个人知道 p,……

101,选择“不合作”的好处大于“合作”的好处,鲍伯应当选择“不合作”。在倒数第二步,安娜这样想,选择“不合作”的好处是100;而选择“合作”,在下一步鲍伯肯定会选择“不合作”,此时她的好处将是99,因此在这倒数第二步安娜的理性选择“不合作”……通过这样的分析,这个博弈的结果是:在这个博弈的第一步,安娜的理性的选择是“不合作”。

因此,这个博弈的结果是,在博弈的第一步安娜选择“不合作”,博弈即终止。这一点构成蜈蚣博弈的完美纳什均衡点。在这个点上,安娜得到支付2,而鲍伯得到支付1。

这样的结果是反直觉的:最大化自己支付的理性人其所得是不合理的。我想读者也会对这个结果表示惊讶。从这个博弈树来看,若他们均选择“合作”,双方的支付将会很高。但根据逆向归纳法,这个结果达不到。

对于蜈蚣博弈的这个逆向归纳法解,博弈论专家中存在赞成和反对两种观点。著名的博弈论专家奥曼认为,如果“策略人是理性的”是双方的公共知识,逆向归纳法的解必然要达到。

英国伦敦经济学院的宾谟(K. Binmore)教授则认为,在蜈蚣博弈的开始存在混合策略的可能,即在博弈的开始安娜有采取“合作”的非零概率,而轮到鲍伯,他同样有采取“合作”策略的非零概率。因此,在宾谟看来,该博弈终止于第一步不是必然的。①

蜈蚣博弈是有限次的重复囚徒困境变种,作为有限次的囚徒困境,它的结果是双方在任何阶段都不合作,即纳什均衡是必然结果。

在求解蜈蚣博弈中,我们用了“逆向归纳法”(倒推法):从动态博弈的最后一步往回进行推理,在每一步的分析中,从博弈参与人的所有可能策略中“概括”或“完全归纳”得出一个最优策略来。

通过该方法得到的博弈均衡被称为完美的纳什均衡。逆向归纳法的逻辑严密性毋庸置疑。然而,一个违背直觉的悖论出现了,这个悖论被认为是对逆向归纳法的挑战。

我们用蜈蚣博弈来解释毛泽东与张国焘之间的博弈。

1935 年 6 月,毛泽东领导的中央红军与张国焘领导的红四方面军在四川懋功小城会师。此前,中央红军遭受重大损失,会师时只有约 3 万红军,而张国焘领导的红四方面军约 8 万人。两方面力量悬殊。张国焘依仗资历(共产党的重要创立者之一)和实力(辖兵 8 万),试图改变中央的权力结构。

当时,会合后的红军面临“北上”还是“南下”的选择。毛泽东决定北上,张国焘决定南下。在当时的情况下,焦点不是哪种选择更正确,因为没有人预先知道何种选择是正确的;而是听从谁的决策:是中央红军的领导者毛泽

① Binmore, K. “A note on Backward Induction”. *Games and Economic Behavior*, 1996, vol 17, pp. 138—146.

东，还是红四方面军的领导者张国焘？

毛泽东与张国焘的博弈可看成是一个动态博弈：两人的合作将能够扩大红军的生存空间，双方的力量都可增加，然而，谁先采取不合作其收益好于对方采取不合作。毛泽东领导的中央红军迅速北上，离开张国焘。我们无法想象毛泽东采取合作策略即继续留在红四方面军后的博弈结果。

在毛泽东与张国焘的博弈中，因为张国焘的军事实力强于毛泽东，我们做这样的假定；毛泽东的"合作"策略是中央红军与张国焘在一起，共同对付蒋介石的国民党军队，不合作策略是"离开"张国焘、分头行动；张国焘的"合作"策略是与毛泽东共同对付蒋介石，"不合作"指的是对毛泽东（中央红军）采取军事行动，夺得中央红军的领导权。

我们以军队人数作为两者的收益：博弈开始时，毛泽东的中央红军为3万人，张国焘的军队为8万，若毛泽东选择不合作，其收益为3，张国焘的收益为8；若合作，经过每个阶段后，假定双方的力量各增长1万人，即收益增加1。若毛泽东不合作，他将带走他的军队，而若张国焘不合作，他将领导总的军队人数，毛泽东领导的人数为0。假定这样的博弈有4轮，其博弈树为：

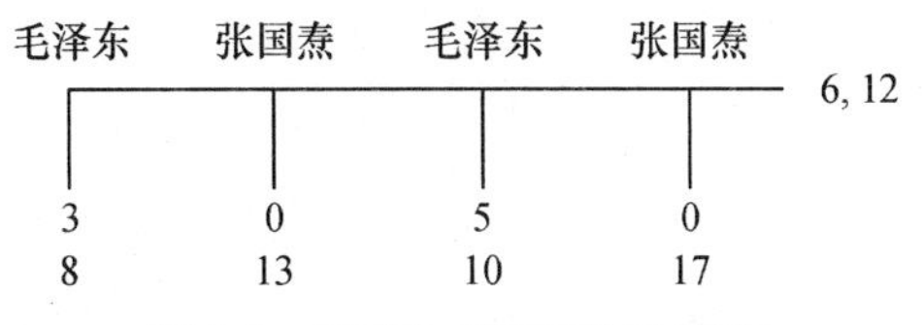

图1-2　毛泽东与张国焘的博弈

在第一步，毛泽东采取不合作，双方的收益为，毛泽东的收益为3，张国焘的收益为8；若毛泽东采取合作，张国焘采取不合作，毛泽东的收益为0，张国焘的收益为13；若张国焘采取合作，毛泽东采取不合作，毛泽东的收益为5，张国焘的收益为10；若毛泽东采取合作，张国焘采取合作时毛泽东的收益为6，张国焘的收益为12，张国焘采取不合作时毛泽东的收益为0、张国焘的收益为17。

毛泽东随时面临收益为0的局面。这个博弈的逆向归纳法解为：毛泽东在第一步采取不合作。收益毛泽东为3，张国焘为8。

若毛泽东与张国焘的实际博弈是我们这里假定的情况，毛泽东离开张国焘具有“逻辑必然性”。

有读者会说，凭什么认为，毛泽东的中央红军与张国焘的红四方面军相遇时，毛泽东与张国焘之间的斗争是这样的博弈结构？

这是由实力对比决定的，张国焘领导的红四方面军，人数多、武器多，他“随时”能够夺取中央红军（毛泽东）的领导权，而红军两方面军的联合能够增加总的实力。因此，上述博弈结构反映了实际情况。

实际情况是，毛泽东领导的中央红军离开了张国焘。正史给出了许多证据“证明”张国焘准备对中央红军采取措施，也有学者给出相反的证据。我认为，若中央不能获得红四方面军的领导权，博弈结构就是我这里所假定的情况：中央随时有被张国焘解决的可能，只是时间早晚的问题。因此，是否有张国焘解决中央的证据并不重要，重要的是中央在生死存亡的时候要做出正动态博弈是一个“你来我往”的过程。在每个博弈阶段(子博弈)中,博弈参与人和他人以往的行动构成他决策的前提;而他所做出的行动又构成整个博弈继续下去的前提。所有参与人的行动构成整个博弈的历史。

确决策。“君子不立于危墙之下”,毛泽东又一次做出了这样的决策。

毛泽东与张国焘的博弈为“动态博弈”。动态博弈是由多个子博弈或博弈阶段所构成,这样的博弈是一个“你来我往”的过程。在每个博弈阶段(子博弈)中,博弈参与人和他人以往的行动构成他决策的前提;而他所做出的行动又构成整个博弈继续下去的前提。所有参与人的行动构成整个博弈的历史。在动态博弈每一步的决策中,博弈参与人既“向前看”,又“向后看”。“向前看”,目的在于预测博弈的可能结果;向后看,目的是从既成事实中确定有用信息。

三、约定与协调:走出囚徒困境的方法?

若两个人进行这样的博弈之前进行一个均采取“合作”策略的约定,这似乎是一个好的“解决”囚徒困境的方法。然而,这样的方法是行不通的。参与人均会背叛他们的约定,因为无论他人是否遵守约定,背叛是“占优的”。博弈必定在双方“不合作”处实现。

有人会认为,若参与人担心违反约定而被惩罚,他会采取合作策略的。有惩罚之可能意味着,参与人进行囚徒博弈后将进行另外的一个博弈。这是一个两阶段的动态博弈:先进行囚徒困境博弈,然后进行一个对囚徒困境博弈中的各种行动有奖惩的博弈。参与人从后面的博弈推理得出囚徒困境博弈中如何行动。此时的博弈已经不是纯粹的囚徒困境博弈了,而是另外的博弈了,因而不是我们这里讨论的对象。我们所讨论的是上述简单的一次静态博弈。

既然约定是行不通的,通过他人的协调能否行得通呢?如果他人的协调不改变博弈的支付结构的话,协调同样行不通;而一旦他人的协调改变博弈的支付结构,那么这个博弈便是另外的博弈,而非囚徒困境了。

考虑这样一场囚徒困境式战争:甲、乙两方因争夺某个对象,打得你死我活。双方均损失惨重。每个人都希望对方"停止战争",而自己采取"战争"。一旦两方均这么认为的时候,双方陷入囚徒困境博弈。双方意识到双方均停战的结果好于双方都不停战的结果。但是双方均受到"理性的"诱惑:自己不停战好于停战;当然,每个人都希望对方停战。双方都无力摆脱这个困境。

		甲	
		战争	停战
乙	战争	(−1,−1)	(1,−2)
	停战	(−2,1)	(0,0)

此时往往是由某个中间人出面来调解。然而,若不改变博弈结构,调解人是无法调解成功的。当约定好双方均采取停战行动后,双方很快又进入战争状态。因为:无论对方采取何种行动,采取战争比停战要好。调解归于失败。

哈马斯与以色列之间似乎就是该类型的博弈:放弃战斗是被占优策略。

这也就是为什么巴勒斯坦地区冲突不断的原因。

我们来看抗日战争胜利后国共两党的短暂的停战过程。1945 年 8 月 15 日日本宣布投降后,共产党军队与国民党军队一方面接受日本的受降,另外一方面争相取得原来日本军队控制的区域,冲突一触即发。

美国总统特使马歇尔奉杜鲁门总统之命,1945 年 12 月 20 日来华,调解国共两党冲突。在马歇尔的调停下, 1946 年 1 月 5 日,国民党政府代表与中国共产党代表达成《关于停止国内军事冲突办法的协议》;1 月 10 日,双方代表签订并发布了《关于停止冲突恢复交通的命令与声明》,同时公布了《关于停止国内军事冲突办法的协议》。停战协议自 1 月 13 日午夜起生效。

但国民党却在下达停战令之前,密令其军队"抢占战略要点",接着又不断地调动军队,进攻解放区。同年 6 月 26 日,国民党公开撕毁了协议和命令,向解放区发动了全面进攻。7 月,中国内战全面爆发。8 月 10 日,马歇尔和司徒雷登发表联合声明,承认美国调停失败。

这样双方又开始了"战争"行动。在短暂的停战时期,双方都在调整军队部署。国民党军队主动开战,因为它处于强势。

国民党认为,它采取"开战"是占优的,因为蒋介石认为,开战能够消灭共产党,而不开战,共产党将可能壮大。而共产党认为,一旦对方开战,与之开战将可能战胜国民党,不开战将被消灭;若对方不开战,我方选择开战将能够得到更多的控制区域。

这个博弈结构决定了开战是占优策略:若自己采取开战,无论对方采取只有进行无限次的囚徒困境博弈，才能解开囚徒困境！参与人才能走向合作！

什么样的行动，自己都会有利的；而若对方采取开战，自己采取停战则吃亏，而对方将获利。双方停战的结果即使由双方都信任的第三方来调解也是不可能实现的，调解只不过让双方暂时喘息一下，双方会立即拿起武器进行战斗。

四、阿克塞尔罗德的研究

参与人与他人进行一次性的囚徒困境式的博弈，上文已经论述，每个人都会采取“不合作”，这是纳什均衡。这个结果具有逻辑必然性。若参与人进行重复囚徒困境博弈，但次数为有限次，我们已经表明，从理论上说，每个参与人在每一次的囚徒困境中都应当采取不合作策略。也就是说，这个博弈的子博弈精炼均衡是，在每一个囚徒困境博弈阶段中，参与人都采取不合作策略，这是理性的。这个结果可根据“逆向归纳法”得到。这是博弈论专家给出的理论结果。

博弈论专家发现，只有进行无限次的囚徒困境博弈，才能解开囚徒困境！参与人才能走向合作！

由于无限次动态博弈的独特特点，博弈论专家无法给出无限次的囚徒困境博弈的理论“解”，人们只能通过实验研究找到博弈结果。

1981 年，美国密执安大学的罗伯特·阿克塞尔罗德(Robert Axelrod)组所谓“一报还一报”策略是指:第一步采取合作,然后,采取对手前一回合的策略。

织了一次计算机比赛,在这个比赛中,阿纳托尔·拉波波特(Anatol Rapoport)的“一报还一报”策略获得了胜利。

所谓“一报还一报”策略是指:第一步采取合作,然后,采取对手前一回合的策略。即:第一步采取合作,在以后的任何一个阶段,若你观察到上一个阶段对手采取合作,你依然采取合作;若你观察到对手上一个阶段中采取不合作,你也采取不合作。

当然,获得高分的策略能够有多种,一报还一报只是其中的一种。阿克塞尔罗德在《合作的进化》一书中,分析了获得高分策略。他认为,获得成功的策略应当具备下面的必要条件:

1. 友善。这就是说,不要在对手背叛之前先背叛。

2. 报复。报复是对不合作的惩罚,促使对手从不合作中转变到合作。一个极端的非报复策略的例子是“始终合作”,这是一个非常糟糕的傻瓜策略,因为对手能够通过一直不合作而得到高分;而且他没有任何理由改变他的策略。

3. 宽恕。如果对手不继续背叛,即从背叛走向合作,参与人也要回到合作,否则的话对手因没有利益上的激励会重新回到背叛。

4. 不嫉妒。就是说,不去争取得到高于对手的分数;若嫉妒,参与人会主动背叛而使对手的分数降低,而使自己的分数提高,此时,对手会采取相应自私的个人为了其自私的利益会趋向友善、宽恕和不嫉妒。

的惩罚策略，而使参与人的分数降低。[①]

“一报还一报”策略满足阿克塞尔罗德上面所说的条件，“两报还一报”等也满足这些条件。[②]

阿克塞尔罗德得到一个有趣的并且有点教化意味的结论：自私的个人为了其自私的利益会趋向友善、宽恕和不嫉妒。

我们看到，在囚徒困境中，一个重要的地方在于，如何看待对手的背叛（或不合作），即如何“报复”和“宽恕”。不同的人“慈悲”程度不同。永远合作的人是“0 报复”的人，或者是“最慈悲”的人。而“冷酷策略”是这样的策略：一旦发现对手采取背叛策略，将采取“无限报复”策略；采取这种策略的人面对对手的背叛将采取无限报复，或者说心肠“最冷酷”。生活中的人处于两者之间：既非“最慈悲”，也不“最冷酷”。

在现实中，我们预先不知道对手是怎样的人，对手可能永远采取不背叛，也可能是一报还一报者，也可能是冷酷策略者——一旦发现你采取不合作他将永远不合作，当然有可能是其他类型者。在生存的舞台上，每个人以自己独特的方式进行表演，因而有不同类型的人，我们与不同类型的人进行这样的博弈时，我们是在“学习”，即通过策略了解对方，同时也让对方了解我们。

---

① 罗伯特·阿克塞尔罗德：《合作的进化》，吴坚忠译，上海人民出版社 2007 年版。

② 在重复囚徒困境中参与人的统一策略可模型化为：“m 报还 n 报”——面对他人的 n 次不合作采取 m 次不合作作为报复，这里的 m、n 为包括 0 在内的可以为无穷的自然数。

阿克塞尔罗德的结论是有趣的,可以指导我们的行动。然而,不能指望这些教义必定给我们一个最优的博弈结果。例如,考虑这样一个人群,那里每个人每次都背叛,而你遵循一报还一报策略(满足阿克塞尔罗德的条件)。你将如何进行呢?第一步你采取合作,但你发现你的对手背叛了你,下一个阶段你选择背叛,在这样的人群中,对你来说,接下来的每一步中你的最佳策略是每次都背叛。在一个每次均背叛的人群中,采取一报还一报策略的是有点吃亏的,因为你第一步采取了合作——这也可以说是认识对手的代价。

事实上,一个最好的策略是根据对手而行动:若对手是一报还一报者,我应当采取一报还一报;若对手是"一报还两报",我应当是合作与不合作轮流进行;若对手是冷酷策略者,我要小心为上,避免发生不合作的错误……

五、可更换参与人的囚徒困境博弈分析

阿克塞尔罗德的理想化的结论其实是有条件的:进行囚徒困境的两个参与人是确定的:参与人不可选择对手进行囚徒困境博弈,更不可中途中止该博弈而与其他人重新进行该博弈。

若参与人能够更换与之博弈的参与人,即存在多个备选的囚徒困境博弈参与人,情况将如何?

这是可能的:你与他人的博弈中突然主动使用"不合作"即背叛,你的收

你与他人的博弈中突然主动使用“不合作”即背叛，你的收益将得到提高，并且你终止了与对手的博弈，而选择新的博弈参与人与其博弈，对方的“报复行动”将无法使用。此时我们说，你使用了“永久性背叛”策略。

益将得到提高，并且你终止了与对手的博弈，而选择新的博弈参与人与其博弈，对方的“报复行动”将无法使用，即他人无法对你的不合作行为进行惩罚。此时我们说，你使用了“永久性背叛”策略。在与新的博弈参与人的博弈中，你如法炮制。因你的这种策略是新的对手所不知道的，与新的对手进行博弈时，你的每次收益都会很高……在一个规模较大的群体中，并且这个群体中的绝大多数人都会采取合作策略，或在第一步都会采取合作策略，你采取这样的策略能够获得高收益，因为你能够从背叛中收益并且不受到惩罚。

在多个备选参与人进行博弈中，某个参与人何时选择“永久性背叛”为“耐心程度”：耐心程度最低的人，在与他人进行重复的博弈中第一次就采取“不合作”；具有一定耐心程度的人会在一定步骤之后采取“不合作”；具有最大耐心程度的人永远不采取“不合作”。

在多个备选参与人进行博弈时，某个参与人何时选择“永久性背叛”策略即他的耐心程度高低取决于：与他进行这样博弈的备选人群数量与信息沟通程度。若备选人群数量大，并且之间的信息沟通少，他的耐心度低；其中极端情况是，人群数量无限大，或者人群数量尽管不是无限大，但足够大，并且这些人群之间没有信息沟通。此时，即使他每次均采取不合作，都存在下一个与之博弈并采取合作的“傻瓜”。

若备选人群的人数少，或者备选人群之间的信息沟通程度高，他的耐心度将是高的。一个极端情况，与之博弈的只有一个博弈参与人，他要顾及到在多个备选参与人进行博弈时，某个参与人何时选择“永久性背叛”策略即他的耐心程度高低取决于：与他进行这样博弈的备选人群数量与信息沟通程度。

若他采取“不合作”，他将面临对方的不合作行动的惩罚；若他采取“永久性背叛”，对方也将采取永久性背叛。这便是阿克塞尔罗德所研究的情况，阿克塞尔罗德的结论是适用的。

若与之博弈的参与人即使数量比较大，但他们之间的信息沟通充分，该博弈参与人也不敢采取永久性背叛策略，因为若他采取永久性背叛策略，并与新的参与人进行博弈，新的参与人知道他过去的“不光彩”行为，该新的对手在第一回合的博弈中会以“不合作”而对之，即新的博弈参与人将延续原来的参与人与之进行博弈。因此，在信息充分扩散的情况下，博弈参与人不会随意更换博弈参与人。

六、多囚徒困境博弈中的一码归一码策略

在现实中固定的两个参与人之间可能进行多个可能的囚徒困境博弈，此时情况会如何？人们自然会说，不同的博弈之间往往发生相互影响。

我们考虑两个人甲和乙进行两个重复性的囚徒困境博弈，这两个囚徒困境博弈的进行存在先后。怎样的策略才能获得最大的收益？

假定甲乙进行两个“不同的”重复的囚徒困境博弈 A 和 B。要说明的是，囚徒困境是一类博弈的模型，这里甲乙所进行的所谓不同的囚徒困境博弈，指的是两个这样的博弈。

极度冷酷策略：某个参与人与他人进行多个重复囚徒困境博弈中，因对方在某个博弈的某个阶段采取了“不合作”，他在与对方的该博弈中将永远采取“不合作”，并且在与对方的其他囚徒困境博弈中也毫无例外地采取“不合作”。

此时存在很多策略，这里列出四种：

第一，“极度冷酷策略”。

在A囚徒困境博弈的某个阶段，甲采取“合作”策略，而乙采取了“不合作”策略，甲的收益降低，而乙的收益增加。甲观察到了乙的不合作策略，甲如何行动呢？甲可采取“冷酷策略”，即在与乙的该博弈中甲永远采取“不合作”策略。甲也可采取“一报还一报”策略，即在下一步甲也将采取“不合作”，在以后的博弈阶段中，甲采取何种行动，取决于乙是否改正……

然而，对于甲，这是可能的，当乙采取了“不合作”策略，甲在该博弈的余下的阶段中，将永远采取“不合作”行动，并且在与乙的“其他的囚徒困境重复博弈”中也将采取“不合作”行动。甲此时的这种策略是极端的“冷酷”，他对乙的态度是极度的不宽容。

某个参与人与他人进行多个重复囚徒困境博弈中，因对方在某个博弈的某个阶段采取了“不合作”，他在与对方的该博弈中将永远采取“不合作”，并且在与对方的其他囚徒困境博弈中也毫无例外地采取“不合作”。我们将这样的策略称为“极度冷酷策略”。极度冷酷策略是极度不宽容的。

极度冷酷策略，是冷酷策略的拓展。

第二，“一码归一码策略”。

在某个博弈的某个阶段中，乙采取“不合作”，或者由上一阶段的“不合作”转变为“合作”，此时，甲或者采取“一报还一报策略”或者“冷酷策略”，但无论是哪种策略，此时乙的行动，不影响甲在与乙的其他的重复的囚徒困主博弈策略:博弈参与人在所有的博弈中的行动选择都根据与对方的某一特定的博弈中的策略选择而进行。

境博弈中的策略选择。也就是说,在与乙的其他的重复性的囚徒困境博弈中,甲的行动,依赖于乙在该博弈中的行动以及自己的策略(“一报还一报策略”或“冷酷策略”)。此时,甲的策略可称为“一码归一码策略”。

一码归一码策略是宽容中性的。

第三,“主博弈策略”。

博弈参与人在所有的博弈中的行动选择都根据与对方的某一特定的博弈中的策略选择而进行。

如,A 博弈是主博弈,甲在 A 囚徒困境博弈中采取的是“冷酷策略”,一旦乙采取了“不合作”,那么甲在与乙的其他所有博弈中都将采取“不合作”,这个策略的冷酷度比极度冷酷策略要低,因为乙在其他博弈中的“不合作”不必然触发甲在主博弈 A 中的不合作策略;若甲在 A 博弈中采取的是“一报还一报策略”,甲在其他博弈中的行动依赖于乙在 A 博弈中的行动。

主博弈策略是一个比较差的策略,因为若你一旦采取该策略,对方在除了主博弈之外的博弈中均会采取“不合作”,主博弈之外的博弈中你的收益都将很低。

主博弈策略不如一码归一码策略,但是尽管如此,该策略简单,而一码归一码策略相对复杂,现实中的人们往往使用主博弈策略。

主博弈策略也是宽容中性的。

第四,“统计策略”。

统计策略：若在所有博弈中对方过去“合作”次数低于某个比例，某个参与人在以后的博弈中一律采取“不合作”策略；或者若在所有博弈中对方过去采取的总的“合作”次数高于某个比例，他将一律采取“合作”策略。

若在所有博弈中对方过去“合作”次数低于某个比例，某个参与人在以后的博弈中一律采取“不合作”策略；或者若在所有博弈中对方过去采取的总的“合作”次数高于某个比例，他将一律采取“合作”策略。这样的策略可称为“统计策略”。

统计策略是否宽容依赖于参与人对对方的“合作”或“不合作”的比例要求。

这四种策略中除了一码归一码策略外，参与人均因对方在某个博弈中的“不合作”或“合作”行动而影响另外博弈中的行动选择。

结论1：重复的囚徒困境博弈中，最优策略是一码归一码策略。

证明：某个参与人甲若不使用一码归一码策略，那么必定存在某个博弈的某个阶段，甲的行动选择依赖于其他博弈，而不依赖于对方即乙在该博弈中的行动选择。理性的乙知道这些，他在该博弈中的该阶段将采取“不合作”，此时，乙的收益增加，而甲的收益降低。因此，甲的策略应当是根据该博弈而不是其他博弈。在所有的博弈中甲均应采取不依赖于其他博弈的行动而行动。因此，最优策略是一码归一码策略。

在每个博弈中分别采取一报还一报策略是一码归一码策略的特例。

结论2：在重复的囚徒困境博弈中，若一报还一报策略是最优的策略安排，那么在多个重复的囚徒困境博弈中，每个博弈均采取一报还一报策略是最优的。

证明：在确定的n个囚徒困境博弈中，参与人的收益为这n个博弈中的

收益之和，若在每个重复性的囚徒困境博弈中一报还一报策略收益最大，那么在总的博弈中该参与人的总收益最大。

这个结论不是说，在与固定的博弈参与人进行多个重复性的囚徒困境博弈中，参与人在每个博弈中均采取一报还一报策略是最优的，而是说，若在每个博弈中一报还一报策略是最优策略，所有博弈中该策略之采取也是最优策略。因为，博弈论专家只是用计算机进行比赛，一报还一报策略是胜出策略，然而它是否是最优策略并没有得到证明。是否存在其他的比一报还一报策略还好的策略，人们不得而知。

这是本人分析出的理论上的结论。在现实中人们并不一定能够做到这一点。

现实中人们往往是如何进行这样的博弈的呢？在现实中的博弈参与人，无论是个人，还是组织（如国家），因某种原因而交恶，即在某个博弈中（不一定是囚徒困境博弈）双方永远处于斗争或不合作的状态，这种状态影响到其他领域里的博弈策略。在其他领域里他们也采取不合作策略。例如，两国政治上的不合作致使经济上两国也采取不合作，或者经济上的不合作导致政治上的不合作。这其实不是一个最优选择。

或曰:“以德报怨,何如?”子曰:“何以报德?以直报怨,以德报德。”(《论语·宪问》)

七、以直报怨:孔子的思想

在生活中,当我与他人进行囚徒困境博弈,我和他人,可以以诚相待,也可以欺骗。相互欺骗是一个很糟糕的状态。这里,“以诚相待”便是上面所说的“合作”,“欺骗”便是“不合作”。

我们希望人人以诚相待,但采取欺骗行动,往往是有诱惑力的。因为若一方以诚相待,另外一方欺骗,以诚相待者往往遭受损失,欺骗者往往获得好处。

当我们被欺骗时,我们该如何对待欺骗我们的人?我们来看孔子的观点。

《论语》中有这么一段对话:

> 或曰:“以德报怨,何如?”子曰:“何以报德?以直报怨,以德报德。”(《论语·宪问》)

这段话说的是:有人问孔子:“用恩德回报怨恨,怎么样?”孔子说:“那么用什么来回报恩德呢?用正直回报怨恨,用恩德回报恩德。”孔子不提倡以德报怨,因为若这样的话,我们拿什么回报恩德?孔子提倡以直报怨。

孔子所说的以直报怨中的“直”为“正直”的意思。但什么是正直的行为？我想，“以直报怨”的解释是：根据不同的情况选择不同的回报行为，因为正直的行为取决于不同的情况。如面对他人误解而成的“怨”，若采取“德”可以感化对方的话，即德可以化怨，那么就应当“以德报怨”，此时“德”便是“直”。而面对恶意的“怨”，若采取“怨”可以制止怨的话，那么就应当“以怨报怨”，此时的直便是怨。我想，孔子的以直报怨强调的是不同的情况应当采取不同的行为。而不是面对他人的“怨”时，我们应当一以贯之地采取“以德报怨”。

然而，对于怨，无论是“以德报怨”、“以怨报怨”还是“以直报怨”，都是在与他人有重复博弈中才有可能。若我欺骗了他人，他人还对我以德报怨，我发现欺骗他人是有好处的，我没有改变欺骗行动的必要；但若我欺骗了他人，他人也欺骗我、或者采取其他不利于我的行为，这样，欺骗他人并不是有利的。因此，一旦我预测到他人因我的“怨”而采取对我不利的行为，我就会约束自己采取“怨”的冲动。

八、文明与群体理性

作为人类群体是如何走出囚徒困境的？

上面我们说过，在囚徒困境中若存在一个“集体”，囚徒困境便能够消解，但实际上不存在一个像我们每个人那样的集体。然而，社会在面临囚徒群体陷入困境中，原因不在于个体理性的有限性，即不是理性不足造成，而是理性本身造成的。

困境时会朝向形成“集体”的方向努力，逐渐形成一个“类参与人”的集体，以克服个体理性的局限。

我们往往说，人类的理性是有限的，这指的是我们每个人的理性能力是有限的，这种有限性往往指的是计算能力的有限。然而，上述囚徒困境博弈中，博弈论专家发现，群体陷入困境中，原因不在于个体理性的有限性，即不是理性不足造成，而是理性本身造成的。

有人可能认为，这似乎只是一个模型，因而所谓理性的困境只是理论家的纯粹杜撰。但这样的困境我们随时可见。企业为了打垮其他同行企业，竞相降价、倾销，结果是自相残杀；每个国家都无节制地向空气中排放温室气体，以至于温室效应越来越严重；冷战时期美苏两霸的军备竞赛使人类走到危险的边缘……

这些事例都是自利的理性造成的群体困境，在这些事例面前，你还认为，理性的局限是理论家编造出来的耸人听闻的观点吗？你是否已经开始对理性本身进行反思呢？

我们发现，理性并没有那么完美，然而，如果理性不能成为人类发展的保证，人类物种何以如此繁荣？

经过漫长的岁月，人类与动物相比，已经具有了绝对的竞争优势，成为主宰地球的主人。这一切被认为是人类的理性之功。但我们发现，理性存在缺陷。因此，人类走到今天，成为地球上的主宰，必定存在对理性缺陷的“补救措施”！那么，这个补救的措施是什么呢？

> 对个体理性的缺陷的补救措施存在于群体之中。具体地说，它就是存在于群体中的对个体行动进行规范的道德和法律。

我们说理性表现为参与人为自己的目标进行推理或计算。这里的理性是个体的。因此，对个体理性的缺陷的补救措施，我们不能从个体那里去找，而只能在个体之外的地方去找！这个措施在哪里呢？我们说存在于群体之中。具体地说，它就是存在于群体中的对个体行动进行规范的道德和法律。

人人都清楚，若对偷窃没有任何约束措施的话，偷窃获取生存物品比通过劳动来得容易；假若人人都偷窃的话，社会将无可偷窃的物品，因为没有人愿意生产。这样的社会当然不能够维持下去。

偷窃是暗中进行的，任何体弱的人都能够从事，抢夺则是强大者对弱小者所实施的货物转移行为。假若没有对抢夺进行惩罚，强大者将实施抢劫，弱小者将锻炼自己的体能或制造武器以弥补体能的不足，准备实施抢夺。

在没有对“偷窃”和“抢夺”进行约束的情况下，“偷窃”和“抢夺”都是占优行动，没有人愿意耕种，没有人愿意放牧……其结果是每个人的生存状态都很糟糕。这便是一个“社会困境”。

“偷窃”和“抢夺”是发生于社会之中的困境，没有他人便没有偷窃和抢夺：偷窃和抢夺是理性计算后的选择。理性产生的问题要让理性本身来解决，当然这不是让某个人的理性来解决，而让群体的理性来解决。

今天，我们认为抢夺和偷窃是不道德的，这样的观念是我们这个社会向前发展所不可缺少的。我们想象不出存在这样的社会，在这个社会之中人们没有这样的观念；因为一个社会若没有这样的观念，它很快就会消亡。

然而这样的观念不是人类天生就有的，这样的观念是伴随社会的建立而社会对所产生的社会困境有一个独特的解决机制:社会困境的产生——社会困境的认识——形成针对性的道德规范或/和法律——控制或解决社会困境——产生新的社会困境……

产生的。婴儿看到食物自然地会去取,当他饿了,他会毫不犹豫地从其他婴儿那里进行抢夺。人类之初如同婴孩。婴孩是没有道德观念的,道德观念是从父母、社会中学习得来。人类呢?似乎是,人类的道德观念是从人心中逐渐“生长”出来的,但这种生长过程只有在社会之中才有可能,因为道德观念是群体概念,在一个人的世界里永远不可能产生道德观念。

有了认为“偷窃”和“抢夺”行为是不道德的这样的观念,并不代表这样的社会困境将永远不发生。抢夺和偷窃随着时代的变化其形式也随之改变,因而抢夺和偷窃几乎存在于任何一个时代。比如,四百年前由葡萄牙、西班牙开始的所谓地理大发现,其实是一个西欧对全世界所进行的抢夺行为。计算机发展起来后,不征得他人同意也不支付给他人费用就使用他人的劳动成果——软件,便是偷窃行为。因此,偷窃和抢夺在不同时代有不同的表现形式。文明便是想方设法克服这些偷窃和抢夺行为。

不是说所有社会困境都可归结为偷窃和抢夺,存在不同类型的社会困境。如:公共地悲剧便是这样的一个群体困境——群体对一个无权属的公共资源的过度获取。吐痰、乱丢垃圾等也是这样的群体困境——群体将“成本”加到公共领域从而强行加于每个人。当然你也可以认为这是广义的偷窃或抢夺行为。

若我们观察社会的发展过程,社会对所产生的社会困境有一个独特的解决机制。这个机制是:社会困境的产生——社会困境的认识——形成针对性的道德规范或/和法律——控制或解决社会困境——产生新的社会困境……

当面对所谓的“敌人”时，在群体内部的那些道德训诫和法律均失去效力了。群体间的行动困境便产生了，群体间的困境同样能够在群体间的更大的群体得到克服。

不同自然和社会环境条件下，群体困境是不同的，当某个具体的群体困境在某个群体中产生后，并且群体中的人认识到群体行动的困境，相应的道德观念便产生了，一旦它成为公共的道德观念，它便成为该群体的行为约束力量。然而，这样的力量往往是弱小的，效率低下的。相应的法律以及相应的执行机构便是解决群体困境的强有力的方法。法律是强制性的行动规范，若不遵守，违反者便面临相应机构的惩罚。

一个群体能够通过对困境的认识形成克服困境的有效方法，使群体维持下去。然而，这些方法只对群体成员有效。对“敌人”，我们还要遵守“不偷盗”、“不杀戮”、“不抢劫”等道德训诫吗？当然不需要。当面对所谓的“敌人”时，在群体内部的那些道德训诫和法律均失去效力了。群体间的行动困境便产生了，群体间的困境同样能够在群体间的更大的群体得到克服。

因此，人具有理性，但人的理性的伟大不在于个人的理性而且在于群体理性。

九、俄狄浦斯悲剧的消解

群体理性同样体现在“父辈”与“子辈”的博弈之中。

若资源是有限的，获取资源的参与人的增加将使原来的参与人的收益下降。因此，在资源有限的情况下，人们的理性行为表现为：一方面试图使现有的竞争对手退出争夺现有资源的行列,另外一方面试图将潜在的竞争对手消灭在萌芽状态。

对于人类而言,上代是后代的竞争对手吗?在某些情况下是的。上代消耗多了不可再生资源,留给后代就少了;父辈老了,他们不能耕种,但他们还在消耗后代的资源……

后代是上代在资源上的竞争对手吗?在某些情况下,后代确实是上代的竞争对手,但是“潜在的”竞争对手。皇位只有一个。皇子们觊觎父亲的皇位,对身体强壮的父亲充满敌意,弑父篡位在历史中屡见不鲜。皇帝时刻提防着逐渐长大成人的皇子们,历史上皇帝杀掉跃跃欲试的儿子也不在少数。皇帝不仅拥有控制一切财富的权力,而且拥有占有女性资源的权力;皇子们之间的倾轧以及作为皇帝的父亲与儿子之间的猜忌均是为了这个权力而来。

古希腊戏剧中俄狄浦斯“弑父娶母”的悲剧所反映的未必是真实的事情,但反映了人类“父辈”与“子辈”之间的冲突性的常和博弈:父亲拥有一切资源,逐渐长大的儿子们试图争夺这个资源。

然而,若父辈与子辈之间的关系仅是这样的冲突性关系,那么强有力的父亲将会把儿子们杀死在襁褓中,以消灭潜在的竞争对手;若儿子们逃过父亲的杀戮,他们将向父亲开战。但事实上这样的杀戮没有成为普遍现象:俄狄浦斯的悲剧是“偶然”发生的。

弗洛伊德认为,人类拥有俄狄浦斯情结,儿童成长过程是一个对父亲权威进行挑战的过程,其中包括拥有母亲。我想这不仅体现在个别的儿童成长之所以弑父或杀子现象没有成为普遍现象，是因为“爱”，包括父对子的爱，也包括子对父的爱。爱是自然的造化，它是生物的本能。

过程中，更体现在“父辈”和“子辈”的两代人的无意识的博弈之中。

之所以弑父或杀子现象没有成为普遍现象，是因为“爱”，包括父对子的爱，也包括子对父的爱。爱是自然的造化，它是生物的本能。不仅人类有爱，动物也有爱。人们常说“虎毒不食子”，就反映了动物对子女的爱，是“爱”克服了父子之间以及儿子们之间的冲突。

对于人类而言，还有动物所没有的“德”。德是对行动的规范或规定，它生成于有理性的人群之中。儒家学说强调晚辈对长辈的“孝”，即以礼侍奉长辈，忤逆是一大罪；同时每个人对祖宗、家族的一大孝道是：繁衍下一代，所谓“不孝有三，无后为大”说的是最大的不孝是没有后代。这种孝道的规定限制了晚辈与长辈之间可能的冲突性的关系。

爱是自然所赐予人的本能，德则是社会中逐渐形成的，它们共同形成使父子合作的力量。

十、“集体恶习”的破除

某种行为是某个较大群体中的所有成员或大多数成员所经常采取的行为，我们称该行为为集体性行为。如祭拜祖先是中国人的集体性行为，春节回家也是中国人集体性的行为。

行动与行为存在区别。行动是理性的，并且主体往往经过深思熟虑后采集体恶习:某个群体长期形成的构成其“习惯”的某个集体性的行为,对群体的生存没有益处而只有害处,并且群体中的成员认识到它的危害,但不能克服或改正这些行为。

取。行为可能是理性的,也可能是非理性的。有些行为是下意识的。

若某个群体长期形成的构成其“习惯”的某个集体性的行为,对群体的生存没有益处而只有害处,并且群体中的成员认识到它的危害,但不能克服或改正这些行为,此时我们称这种行为是该群体的“集体恶习”。

某种集体恶习是群体中所有人或多数人采取某种恶习所形成的。我们身边经常见到的这样的集体恶习有:随地吐痰、随意闯红灯、不守信用,等等。

集体恶习是特殊的囚徒困境。

对于一个群体中的人们,每个人有两种行动:合作,不合作。或者更一般地说,A 行动,~A 行动。这里,“~”表示的是“非”。它们构成人们在某种情景下的完备行动,群体中的人在这两个行动中选择一个。所有人都选择“合作”,我们称之为“共同合作”,若所有人都选择“不合作”,我们称为“共同不合作”,若有人选择“不合作”,有人选择“合作”,我们称为“混同行动”。

当一群人进行囚徒困境博弈时,对每个人而言,最优的选择是无论他人选择什么,他的选择是“不合作”。纳什均衡是每一个人都选择背叛,即“共同不合作”是博弈结果。我们看到,无论是“共同合作”的人群和“混同行动”的人群,这样的群体的博弈结果是不稳定的,即很快都达到“共同不合作”。

对于这个群体,“共同合作”时每个人的收益都好于“共同不合作”。在“混同行动”中,群体成员的“平均收益”介于“共同合作”和“共同不合作”时每个人的平均收益之间,而偏离值取决于选择共同合作和共同不合作的人数比率。

德行是克服集体恶习的方法。一旦群体认识到,该恶习对群体有害,群体便形成了道德评价。这样的道德评价便构成一个对集体恶习进行克服的力量。

“共同合作”的博弈结果尽管对群体的每个人而言其结果都好于“共同不合作”,但这样一个状态是难以实现的。这是群体进行囚徒困境博弈的结果。

若一个群体进行这样的博弈,所有人选择“不合作”的结果是糟糕的结果(当然不是“恶果”),并且群体中的所有人意识到“不合作”的糟糕结果,但该群体长期不能克服这个困境。“共同不合作”成为群体的一个行动习惯,我们称这样的囚徒困境为“集体恶习”。

当然,我们不排除一个囚徒困境博弈中存在采取“合作”行动的少数人。因此,我们放松一下条件:一个群体存在集体恶习,是指在某个囚徒困境博弈中群体大多数人或有高比例的人采取不合作行动。我们用“集体不合作”代替“共同不合作”。即集体恶习来自于群体成员长期形成的“集体不合作”。

上文中我表明,群体存在一个克服囚徒困境的机制,即群体对囚徒困境的认识之后所产生的道德认知,每个人根据这个道德认知约束自己的行为、评价他人的行为,即德行是克服囚徒困境之利器。

同样,德行是克服集体恶习的方法。集体恶习是群体的不文明。群体对该恶习有一个认识过程。一旦群体认识到,该恶习对群体有害,群体便形成了道德评价。这样的道德评价便构成一个对集体恶习进行克服的力量。

然而,德行之力是有限的。发生集体恶习现象即表明此时德行之力失效:群体中的每个人都认为“不合作”是不道德的,但每个人都在采取“不合作”,其内心的道德感不足以规范其行为。之所以如此每个人或大多数人认企业之间的竞争摆脱不了囚徒困境，此时企业如何合作呢？——企业采取“合理竞争”便是合作。在合理竞争中企业的竞争目标不是驱逐其他企业。

识到该行为是一个恶习，但不能改正，是因为自己从该行为中能够获得“轻微的好处”。

集体恶习之所以存在而没有被立即改正，我想，是因为这样的恶习尽管影响群体的生存状态，但没有危及群体的生存。群体还没有感觉到它是一个严重的群体困境。一旦集体恶习严重威胁到群体的生存时，群体就会产生克服的措施。

集体恶习终究能够被群体所克服，但这是一个长期的过程。

十一、他人未必是地狱：合理竞争 VS 恶性竞争？

同领域里的企业面对一个固定或几乎固定的市场时，它们是竞争性关系。对于这些企业来说，它们所面对的是一个囚徒困境：降价是占优策略，不降价是被占优策略；而共同不降价是最好结果。

企业之间的竞争摆脱不了囚徒困境，此时企业如何合作呢？我要说的是，企业采取“合理竞争”便是合作。

所谓合理竞争是指，企业在保证质量的前提下争夺更多的客户。在这样的竞争中，企业的做法是，通过提升产品质量并使用价格策略，吸引更多的客户，但价格策略是有限度的。

在合理竞争中企业的竞争目标不是驱逐其他企业。合理竞争在这点上常和博弈:不同策略组合下博弈参与人的收益是不一样的,但是不同策略组合下所有参与人的收益之和为一个常数。

有别于恶性竞争。恶性竞争中,企业往往通过价格战试图驱逐其他企业,产品价格往往低于成本,企业行为出发点是驱逐其他竞争者,一旦其他竞争者均被驱逐出去,该企业便成为垄断者,该行业的发展便处于不利的局面。

若一个行业里的企业均采取恶性竞争,其结果将是自相残杀。

在恶性竞争中,消费者短期可能获得额外收益,但长期是有损害的。企业与消费者是一个合作性关系:企业供给消费者消费品,消费者购买产品便是给企业发展提供支持,以期企业在未来提供更加价低、质优的消费品。若企业采取恶性竞争,那么在未来企业没有足够的资金积累进行技术革新,与消费者之间的这种合作性关系便不能再维持。

现实中企业采取合理竞争,是因为企业之间是相互依存的合作关系,而非常和博弈或零和博弈关系。企业间是相互依存的是指,各自的存在对维护市场均有贡献,任何企业被迫离开这个市场,他人将有损失。

在一个市场上有多个竞争者。若一个市场的市场份额是固定的,那么该市场上的多个竞争者的博弈为常和博弈:不同策略组合下博弈参与人的收益是不一样的,但是不同策略组合下所有参与人的收益之和为一个常数。此时,企业面对市场份额固定的这样一个博弈,如同多个人分一个蛋糕。不同的分法下每个人所分得的蛋糕是不一样的,但是由于蛋糕的大小是确定的,因此,无论采取哪种分法,每个人所分得的蛋糕份额之和为固定的值——整个蛋糕。由于蛋糕总和为固定值,在分蛋糕的博弈中,每个参与人力图通过可能的策略获得更多。

然而，在许多情况下，同一个市场上的参与人面对的市场是不固定的，即不是一个固定大小的“蛋糕”。若面对的市场大小不是固定值，这里有两种情况：第一，这个市场相对于每个参与人而言是无穷大的，那么，尽管这些参与人做同样的业务，他们之间不存在竞争关系，或者说冲突度为0，这种情况往往发生于某个新兴市场；第二，市场的大小依赖于参与人之间共同开发。此时参与人之间便是合作性的互利关系。我们这里关心的是第二种情况。

这第二个情况是，企业所面对的这个“蛋糕尺寸”大小在变化，“蛋糕尺寸”正比于该市场上企业的数量：企业数量多，则市场大；企业数量少，则市场小。

某个地段只有一家饭店在营业，饭店老板不愿意此地有新的饭店与他竞争。饭店老板的“零和博弈思维”在起作用——本来是“我的客户”因你的加入而被你抢走了。然而，很有可能的是，第二家、第三家等饭店参与竞争会使第一家的饭店的生意更好。我不是说竞争使饭店的服务质量提高从而促进了他的生意，尽管竞争必然使服务质量提高；而是说，新的竞争者的加入加强了该地饭店（群）对周围的辐射力，即市场扩大了。新饭店的开张使该地知名度得以提高。

若以顾客的人数多少来刻画饭店的生意情况，我们以一个例子来分析。假设只有一家饭店A时的顾客数为1000人，第二家饭店B加入后，顾客总数增加到3000人。假定这两家饭店是同质化经营的，即饭店提供的菜肴、服务水平是无差别的，那么，两家饭店分享了这3000个顾客。A与B的顾客数为我们都有不同程度的常和博弈思维，但事实上，“他人未必是地狱”。我们与他人往往不是处于常和博弈之中，而是处于相互有利的关系之中。

1500 人。因 B 的加入，A 的顾客数由原来的 1000 人提高到 1500 人！这额外的 500 人是 B 带来的。同样，A 的存在对 B 是有利的：A 的存在给 B 带来了 500 人的额外顾客。

城市的集中商业区越来越热闹的道理就在这里，其他商家不是敌人，而是朋友。

这里，市场是潜在的，需要企业去开拓，以将潜在的市场变成现实的市场。每个企业在开拓市场时会对其他企业产生正的效应，即经济学所说的正的外部性。当某企业的广告宣传其生产的产品有某种功能时，看了广告的消费者能够知道其他企业的同样产品有同样的功能；到某个商场购买商品的顾客很可能在相邻的店购买其他商品。这种影响是相互的。企业共同的力量使市场大于单个企业单独面对的市场。

然而，尽管在某个时候企业量的积聚对原来的企业有好处，但这些好处往往在长期中得到实现，在短期内新加入者往往分割原来企业的客户群，此时，原来企业与后加入者处于竞争性关系。这也就是为什么原有企业对新企业“不欢迎”的原因。

我们都有不同程度的常和博弈思维，但事实上，“他人未必是地狱”。我们与他人往往不是处于常和博弈之中，而是处于相互有利的关系之中。在这样的相互依存的非常和博弈之中，每个人都采取“降价”手段来争取更多的客户，每个企业都是理性的囚徒，但每个企业都是快乐的囚徒。每个企业都不是置对方于死地而后快。相互降价是“合作”中的竞争，而适度降价即有恶性竞争与合理竞争都是囚徒困境博弈。但它们存在不同。恶性竞争是一个没有下一个博弈的博弈。而合理竞争是一个博弈不断进行的博弈,或者说是动态博弈。

限度的降价便是竞争中的合作。

当然,恶性竞争与合理竞争都是囚徒困境博弈。但它们存在不同。恶性竞争是一个没有下一个博弈的博弈。而合理竞争是一个博弈不断进行的博弈,或者说是动态博弈。我看到你降价,我降价的幅度比你大,你看到我的价格降低,你又降价……产品价格在竞争中"不断下降"。但在这种降价中各个企业都赚了钱,而不是无钱可赚而关门。

因此,合理竞争是一个认同对方存在的竞争。虽然在市场争夺上他人是你的敌人,但是对方的存在刺激你提高生产技术、改进管理制度、提升服务水平;你也可以从他人那里学习。若没有了他人,这一切是不可能的。在这点上说,与你竞争的他人是你的合作伙伴。

同时,合理竞争是走向差别化的竞争。

我们以"相同"与"差别"来看世界万物,它们是我们用来观察世界的两个基本的范畴。世界上不存在两个完全一模一样的东西,莱布尼兹说,世界上没有两片树叶是一样的。但是,我们之所以用树叶称谓它们,是因为它们有相同的特征。在不同时空中的两件东西必定有差别,但当我们去考察它们的时候,我们必定能够将它们归到某个类,即它们必定存在相同的特征。

在企业行为中,同类型的企业往往是竞争的,不同类型的企业往往能够合作,当然,这不是绝对的。因此,同类型的企业为了避免恶性竞争,一个方法便是走向差别化。所谓走向差别化是指,每个竞争者在竞争中使自己的产品或服务形成自己的特色,这种特色是竞争对手所不可替代的,当然,竞争对手也有我所不具备的特色。市场所考虑的并非唯一的价格因素,不同的竞争者给市场提供选择的可能。这样竞争者之间虽是一个竞争性的关系,但是因市场的多样化,每个竞争者都有自己的位置。一旦走向差别化,竞争者给市场提供的东西已经不是同样的产品或服务了,此时,竞争者已很难说是相互竞争的了。

一个行业若没有竞争或没有足够的竞争,这不是一个有利的行业局面:对该行业发展不利,对消费者也不利。一个行业合理竞争状态是竞相降价的状态,但这种降价是有序降价。企业通过这种降价既压缩了自己的利润空间,又压缩了其他企业的空间。在这个过程中,企业为了能够维持一定的利润,一方面通过技术开发降低生产成本,另外一方面通过提高管理水平降低管理成本。在相互降价过程中,该产品因整体价格的下降,市场需求量增大,产品的"市场影响"增大。从这个意义上说,合理竞争的企业是合作性的关系。

一个行业的合理竞争无论从短期还是长期来看,是有利于该行业发展的竞争。因此,社会应进行"行业规制",以鼓励合理竞争,避免恶性竞争。当然,行业规制因行业的不同采取的方法也不同。

当进行囚徒困境博弈的参与人群体的规模超过两个人但“不很大”时，该群体能够通过“对话”来实现困境的解决，群体通过对话达到的是“交互理性”。

十二、对话以解决“我们的”问题

个体理性困境的克服取决于能否有重复博弈的可能，而克服困境的方法因囚徒困境博弈参与人的“规模”的不同而不同。

上文已经说明若囚徒困境的参与人规模最小——只有两个人，这两个人能够在重复性博弈中实现合作（若无重复博弈的可能，囚徒困境博弈难以解开）。

若参与人的规模较大，一种约束参与人的道德和法律能够在参与人的群体中“自然地”产生，一般地说，道德和法律都是群体为了克服群体困境而主动产生的。

但当进行囚徒困境博弈的参与人群体的规模超过两个人但“不很大”时，这样的困境如何解决呢？我们说，该群体能够通过“对话”来实现困境的解决，群体通过对话达到的是“交互理性”。

当困境出现在某个群体面前时，群体的成员认识到该困境为群体所面临的一个“疑难”，这是困境被克服的前提。一旦困境被认识到，它就不必然成为悲剧。当然，困境要被消除，光有认识还是不够的，还必须有足够的时间让群体去思考、探索解决之道。

困境中的参与人认识到困境之后，通过“对话”、寻求建立约束各自行动的规范从而走出囚徒困境,从而实现群体理性。若一个囚徒困境的参与人众多,参与人进行协商的难度较大,成本太高,协商是难以进行的。当参与人数有限的时候,该方法是一个可行的方法。

如目前各个国家面临气候变暖的问题,这是由各个国家长期地、无节制地向大气中排放温室气体造成的,这是一个个体理性造成的囚徒困境。有识之士认识到这个问题,并且认为它是"我们共同的问题",于是通过多次对话,在对话中协商、谈判、妥协,终于有了《京都议定书》、《巴厘岛路线图》。

解决群体困境的路径大体有如下步骤:

第一,通过"对话",将困境确定为"我们的困境"。每个人可能认识到困境,但困境未必是公共知识;通过交流与对话,群体完成这个认识过程,即使之成为"我们的困境"。这样,群体改变困境的行动意向便产生了。

第二,确定"我们的行动目标"。这个目标当然是走出这个困境,但是,这个目标不是某个人的,而是我们所有人的。

第三,建立初始行动方案。要走出困境,要落实到每个人的具体行动之中,为此,要确定每个人的任务安排。这是在"谈判"与"讨价还价"中形成的,它是对各自的行动的规定。

第四,检验初始行动方案的有效性并发现问题。社会行动是一个复杂的过程,某个最初的方案不一定能够达到目标。在社会行动中,试错法同样是好的策略。初始行动方案的问题在试错法中能够被找到。

第五,通过"讨论",修改行动方案。这个行动方案不一定是最终的,可困境的博弈结构所带来的严重后果是在未来，这个严重后果是理性所能够预测到的。当考虑到未来情形时，现在的行动将不能只考虑当下情况，而且要考虑到未来情况。

以进行进一步修改直至完善。

第六，困境被彻底消解。

对于每个行动者而言，限制自己的行动或采取其他行动以消除困境的发生，是有代价的，这样的行动对个体而言似乎是不理性的。因此，“每个人”都希望他人进行这样的行动、自己搭便车，而没有参与的热情。这样，其结果似乎是，难以形成解决困境的行动方案。那么，在现实中群体为什么能够解决困境呢？

这里涉及“当下理性”和“未来理性”的概念。人的理性不仅在于对当下策略进行分析和对当下利益的得失进行认识和计算，而且在于对未来的预知。人类的理性困境看起来所体现的是个体理性和集体理性的冲突，更重要的是它体现了当下理性与未来理性的冲突。囚徒困境的博弈结构决定了每个参与人现在均应该采取某种理性的行动，而这个集体的不理性的恶果体现在未来。如每个国家向空气中排放工业气体，其结果是大气环境渐趋恶化，现在的大气情况糟糕，但更糟糕的情况是在未来——这是由博弈结构所决定的；再比如，当牧场对每个牧民开放的时候，对每个牧民而言，牧场能够承受的情况下问题不严重，严重的是牧场不能承受的时候。

因此，困境的博弈结构所带来的严重后果是在未来，这个严重后果是理性所能够预测到的。当考虑到未来情形时，现在的行动将不能只考虑当下情况，而且要考虑到未来情况。

若某一个参与人自身的行动能够奏效，即他当下的行动能够改变他的以

“对话”在困境的克服中有神奇的力量。对话形成了新的公共知识。所谓公共知识便是“我们”的知识。因此,对话形成了内容更为丰富的“我们”。

及其他人的未来收益,他将通过计算得出自己的当下行动,而不必通过艰难的谈判,他人能够在他的行动下搭便车;然而,这种博弈是少见的,更多的是困境中,未来的利益结果取决于当下博弈中的每个人的行动,只不过每个人的影响程度不同而已。因此,每个人有采取行动克服困境的动机,这个动机源自对未来的利益考虑。

“对话”在困境的克服中有神奇的力量。对话形成了新的公共知识。所谓公共知识便是“我们”的知识。因此,对话形成了内容更为丰富的“我们”。在没有对话之前,“每个人是理性的”是公共知识——它是对话、交流的前提(不同情形下,当然存在其他的公共知识)。但此时,“我们”是没有内容的,通过对话,一个被称为“我们”的群体形成了,而不再是“你”、“我”和“他”了。

通过对话,群体便形成了“我们的困境”、“我们的行动”、“我们的困难”等“群体”之物。当然,在解决困境的行动须承担责任时,存在“你”“我”之分,因而会讨价还价。讨价还价是分摊成本,一切均是在“我们”这个联盟中进行的。每个人同时也在收获形成的联盟(“我们”)所产生的未来收益(如限制废气排放将带来的洁净的空气、明亮的天空)。

道德感的建立是规模较大的群体的一个“自然解决途径”,它是一个缓慢的、温和的途径,道德感是一个群体为了生存而产生的自然之物,它体现了群体理性。当参与人规模不很大,并且若该困境为比较严峻的囚徒困境时,群体的自然理性的解决途径是不可行的。此时,通过对话,这个不很大的群体能够解决他们所面临的困境。这便是“交互理性”。

十三、从"向后看"到"向前看":走出动态不合作

在上面我们已经分析了,在参与人进行有限次的囚徒困境博弈中,博弈结果是每个参与人在每一步都采取不合作;在蜈蚣博弈中,第一个参与人在第一步便选择不合作。参与人如何走出这个动态不合作,以突破这个差的结果?

我们以蜈蚣博弈作为例子来分析如何走出这个动态不合作。

蜈蚣博弈的参与人进行推理采取的是"逆向归纳法",这是"向后看"的方法:从最后一步的必定不合作往回推,而得到所有步都不合作的理性结论。存在最后一步是向后看的前提条件,蜈蚣博弈中满足这个条件。因此,一旦该博弈中的两个参与人均采用逆向归纳法,那么由逆向归纳法得到的这个完美纳什均衡是可预期的。而结果是糟糕的。

既然博弈参与人都知道,这样的均衡对双方来说都是比较差的结果,在这个博弈开始之前,理性的参与人必然会力图避免这个结果。问题是,这样的结果能够避免吗?如果能够避免,那么它就不是必然的。如果不能避免,那么它就是一个事先双方均知道但无法逾越的博弈悲剧。

我们看到,通过逆向归纳法,任何动态博弈的完美纳什均衡之实现,是不需要博弈参与人之间的言语沟通的,博弈参与人是在"沉思的计算"中使用逆向归纳法的。这是博弈论专家那里所暗含的博弈情景。而现实中的博弈

远非如此,博弈参与人进行言语行为是常见的:每个参与人使用言语与其他参与人进行沟通、讨价还价、谋求协议……一个很自然的情形是,进行蜈蚣博弈的两个人,安娜和鲍伯尝试着与对方进行交流,寻求另外的较好的博弈结果,避免纳什均衡结果。

在蜈蚣博弈中有这样一个特点:在任何一步,某参与人选择“合作”后两人支付总和将大于其选择“非合作”时的两人支付总和,也就是说,一旦该参与人选择了“合作”,他们两人组成的群体的总收益增加,尽管该参与人的收益可能减少。例如,在第一步,安娜进行选择,如果她选择“不合作”,两个人的支付总和为3,而如果她选择“合作”,在下一步即第二步,鲍伯选择“不合作”,他们的支付总和为5,5大于3,而如果鲍伯选择“合作”,他们的支付总和更大。在任何一步,情况都是如此。

当他们一起向前看,通过交流就能够得到理想的结果。

我们从第一步进行分析。在博弈的开始,安娜的理性的选择自然是“不合作”,此时她的所得为2。如果要让安娜选择“合作”,条件是,她要得到比2要多的支付。如果安娜选择“合作”,直接受益的是鲍伯。鲍伯为了让安娜选择“合作”,鲍伯应当从其获益中给予安娜以补偿,以弥补安娜可能的损失。安娜从鲍伯那里得到补偿后的支付大于其选择“不合作”时的支付,她才可能选择“合作”;鲍伯从他所得的支付中减去给安娜的补偿后的支付大于安娜选择“不合作”时的支付,他才可能与安娜进行“交流”。

这个博弈自然不会终止于这一轮。安娜和鲍伯将继续讨价还价……

通过讨价还价就能够达到合作吗？我们说，讨价还价只是达到合作的一个条件。讨价还价所形成的双方都合作的结果是很美好的，但是，若没有强制性的措施，任何人都能够违反。因此如何能够使协议得到遵守是蜈蚣博弈的当事人寻求合作解时所必须考虑的，只有这样的条件得到满足，蜈蚣博弈的合作解才能够形成，双方才能能够真正合作。

在现实中有人通过这样的方法来进行合作吗？当然有。比如，商场上的企业间的合作。两个企业进行有限次的商业合作行动，在任何一个阶段中企业选择真诚合作后都会面临他人的背叛行动而使自己受损，因而每个企业都有先背叛的冲动。从逻辑上来讲，任何一个合作都不能成功，即在第一个阶段，先行动的企业选择背叛是合理选择。为了防止这种情况的发生，企业往往采取“先小人后君子”的做法，即订立协议，并采取有效手段如公证等，使协议具有真正的约束力。

蜈蚣博弈有典型意义，它可以说明现实中的许多情况。在这样的博弈中，在任何一步，选择“背叛”能够得到比“合作”更大的好处，博弈也就此终止、失去了继续合作得到更大好处的机会；而若选择合作，他面临下一步对方选择背叛使他的收益降低的可能。这个博弈的解表明：若这样的博弈是有限步的话，并且这是博弈参与人的公共知识的话，那么，在第一步，博弈参与人将采取背叛。

在现实中是否会出现第一步就背叛的可能呢？一般不会。原因在于，博弈阶段于何时结束不是博弈双方的公共知识。如，两个参与人都知道该博弈在现实中因为人们往往不清楚博弈会在何时结束，这类似于无限次重复囚徒困境博弈，人们往往“向前看”而倾向于合作。而且对未来越看重的人越倾向于合作。

结束的步数，但是每个人因不能确定对方是否知道该博弈于何时结束，而不会在第一步选择背叛。因此，在这样的博弈中，每个人都会认为对方有选择合作的可能，而选择合作。当某个参与人选择合作后，博弈轮到另外一个人来进行，因此选择合作时参与人要冒一定的风险，因为他人在下一步可能选择背叛。越是临近博弈的最后阶段，这样的风险越大，即对方选择背叛的概率逐渐增大。

在现实中因为人们往往不清楚博弈会在何时结束，这类似于无限次重复囚徒困境博弈，人们往往“向前看”而倾向于合作。而且对未来越看重的人越倾向于合作。

其实，在很多时候我们每个人与他人都处在动态囚徒困境博弈之中，“合作”还是“不合作”这是一个问题。

生活造就了多种类型的人。其中有两种类型较极端，一种类型的人，我们称他是“精明人”，他预测他人必定会选择不合作或背叛，因而早早地采取不合作策略。这种类型的人的选择有错吗？当然没有错。对于他而言：在某一步，他若选择合作，对方下一步选择背叛，博弈即刻终止，对方获得了额外好处，自己的得益降低；因此，他的最优选择是先选择背叛。并且，蜈蚣博弈的解告诉我们，应当在博弈开始时就选择背叛。这里的“精明人”是绝对理性人，同时将他人也看成是绝对理性人。

这种类型的人往往不与他人合作，或者说缺少合作精神。

另外一种极端类型的人，可以称为“糊涂人”。他或者不知道这个博弈于何时结束,或者知道博弈于何时结束,但他认为对方"会"采取合作,因而他选择合作;或者他根本不是计算的,认为合作比不合作要好。每一步他都这么思维,而采取合作。我们可以说他是糊涂的,极端糊涂的人,在博弈的最后他明知道应当采取背叛,他还采取合作。

在这样的选择中,有可能对方不是他想象得那样好,在博弈的某个阶段在他选择了合作后对方选择了背叛,博弈终止。运气好的话,该博弈进行得长一些,最幸运的情况是,对方和他一样傻,在博弈的最后双方还在采取合作。

哪种类型的人得益更多呢? 精明人,还是糊涂人? 你可能会说,这当然依赖于对方。若对方是精明人,你当然应当做精明人,在第一步就选择不合作;若对方是糊涂人,你到最后一步选择背叛。因此,在进行这样的博弈时,我们要了解对方。

然而,在现实生活中,人的精明还是糊涂不是固定不变的。这是我们的一种生活态度。多种因素造成我们独特的生活态度:教育背景、生活经历,等等。

在生存舞台上,我们与他人的交往,似乎是"种瓜得瓜,种豆得豆",若我们"糊涂地"对待他人,他人也"糊涂地"对待我们;若我们"精明地"对待他人,他人也"精明地"对待我们。精明人提防他人,往往不与他人合作,他人也倾向于不与他合作;糊涂人将他人想象成好人,他人愿意与他玩这样的博弈,并且往往采取合作行动。尽管糊涂的人有可能被欺骗,但总的来说,他的所得较大。我们常说,老实人不吃亏,指的就是这个道理。

第 2 章 协调理性的实现

通过约定而实现的理性可以称为协调理性。

休谟认为,在社会状态下,若各个人单独地、并且只为了自己而劳动时,人是不能取得优势的。原因在于单个的人力量过于薄弱。

对于人如何协调行动,休谟说:"两个人在船上划桨时,是依据一种合同或协议而行事的,虽然他们彼此从未相互作出任何许诺。"

那么,相互合作的个人或者群体究竟是通过什么样的方式来建立休谟所说的这种合同或协议(约定)的?

又是通过什么样的约定方式,相互合作的个人或者群体能够实现双方收益的最大化?

一、协调博弈与约定

我们来看一个交通通行问题。

甲和乙驾驶的两辆车在东西方向的公路上迎面驶来:甲的车从东向西行驶;乙的车由西向东行驶。他们有走“南”面和走“北”面的选择。这条公路能够容两辆车通过,若他们各走一边则能够顺利通过,否则他们不能通过或相撞。假定能够通行的收益为0,不能通行的收益为-1,该通行问题的博弈支付矩阵见以下:

		乙	
		南	北
甲	南	(-1,-1)	(0,0)
	北	(0,0)	(-1,-1)

交通通行博弈

这个博弈的结果是什么?

你会说,这两辆车会顺利通行的,因为司机会遵守交通规则。你的说法当然是正确的。但我要说的是,人们的“行走”历史早于交通规则的制定,交通规则之发明正是为了解决“行走”中的相撞问题的。在有交通规则的前提下,两个司机处于清醒状态,汽车各个部件运转良好,道路和能见度适宜驾在一个博弈中,若存在并只存在这样一组策略选择,在其他人策略不变的情况下每个人都达到了最优收益,这样一组策略便构成所有参与人都接受的并可预测的纳什均衡。

驶,在这样的情况下,交通事故是不会发生的。因为两个司机在通行中会遵循同样的交通规则,都会靠右侧(或左侧)通行。甲走北侧、乙走南侧(或甲走南侧、乙走北侧)为这个博弈的均衡。

但是,在没有交通规则的情况下,在交通通行问题中会发生什么样的结果呢?尽管大路朝天,各走一边,是最好的结果,但是两车相撞不能排除。若没有交通规则,每个司机选择“南”“北”的几率是均等的,在每个司机看来,对方选择“南”、“北”的几率也是均等的,这样从概率上讲,两车相撞的概率为 50% ,顺利通行的概率也为 50% 。

在交通通行问题中,甲和乙都这样思考:“若对方走南侧,我将走北侧;若对方走北侧,我将走南侧。”

这种思维体现在任何博弈中,每个博弈参与人是这样思考问题的:如果其他参与人采取某个行动 A1,我将采取 B1 行动;如果其他参与人采取 A2 行动,我将采取 B2 行动,如此等等。每个人都是这么思考的。玩“锤子—剪刀—布”游戏的两个人都这么想:如果对方出剪刀,我将出锤子;如果对方出锤子,我将出布;如果对方出布,我将出剪刀。实际博弈中对方到底出什么,则不得而知,在这样的游戏中任何一个参与人都只能出招之前假定对方的行动,甚至随机化自己的行动。

在一个博弈中,若存在并只存在这样一组策略选择,在其他人策略不变的情况下每个人都达到了最优收益,这样一组策略便构成所有参与人都接受的并可预测的纳什均衡。在该策略组合下,每个人将不会改变当下的行动。

协调博弈是一个有多个纳什均衡的博弈，对于每个参与人而言，每个均衡都是无差异的。博弈参与人试图通过某个方法在某个均衡点上出现，而避免出现非均衡的结果。

我们看到，在交通通行问题上，一个特殊之处在于，这个博弈有两个纳什均衡：一个走南侧，一个走北侧；并且这两个均衡上两人的收益是一样的，即谁走南侧，谁走北侧，对两个司机的收益没有影响。

这便是协调博弈。

协调博弈是一个有多个纳什均衡的博弈，对于每个参与人而言，每个均衡都是无差异的。博弈参与人试图通过某个方法在某个均衡点上出现，而避免出现非均衡的结果。

我们说过，如果一个博弈只有一个均衡，那么博弈将自动在这个均衡点上实现；若一个博弈有两个或两个以上的均衡时，这样的博弈若没有其他附加条件，其结果将是不确定的。此时，除了通过剔除严格被占优策略而排除的可能结果外，任何一个可能结果都会出现。

司机如何事先知道对方走哪侧？在没有交通规则的情况下，司机是没法判断的。而通过交通规则，司机能够预测对方的行动，从而避免了相撞。

		乙	
		南	北
甲	南	(−1,−1)	(0,0)
	北	(0,0)	(−1,−1)

交通通行博弈的约定均衡

在协调博弈中均衡是在约定的规则下实现的，这样的均衡可称为协调博弈的约定均衡。通过约定参与人避免了较差的结果，所实现的结果（均衡）

在协调博弈中均衡是在约定的规则下实现的,这样的均衡可称为协调博弈的约定均衡。通过约定参与人避免了较差的结果,所实现的结果(均衡)是确定的,通过约定而实现的理性可以称为协调理性。

是确定的,通过约定而实现的理性可以称为协调理性。

交通规则是人类社会规则中的一种。规则是对人的行动指导,规则在人类的社会生活中起到非常重要的作用。规则确定了在特定的情形下人们如何行动。因为规则,人们能够确定自己的行动,另外一方面人们能够预测他人的行动。规则是通过约定来建立的,我们下面就来简单地看一看人类社会中一个非常重要的行为——约定。

二、约定及其建立

对于人与人之间的协调问题,我们来看休谟是如何表述的。

与某些动物相比,人是有缺陷的。在休谟看来,人只有依赖社会,才能弥补他的缺陷,才可以和其他动物势均力敌,甚至对其他动物取得优势。而在社会状态中,他的欲望虽然时刻在增多,可是他的才能却也更加增长,使他在各个方面都比他在野蛮和孤立状态中所能达到的境地更加令自己满意、更加幸福。

休谟认为,在社会状态下,若各个人单独地、并且只为了自己而劳动时,人是不能取得优势的。

休谟列出了人的三方面的弱点:1. 他的力量过于单薄,不能完成重大的工作;2. 他的劳动因为用于满足他的各种不同的需要,所以在任何特殊技艺公共知识是指属于群体中的一种知识。某个命题是某个群体的公共知识是指，该群体的每个人知道该命题，每个人知道每个人知道该命题……约定便是公共知识，而建立约定便是形成公共知识的过程。

方面都不可能达到出色的成就；3. 由于他的力量和成功并不是在一切时候都相等的，所以不论哪一方面遭到挫折，都不可避免地要招来毁灭和苦难。

如何补救呢？休谟认为是社会给这三种不利情形提供了补救：借着协作，我们的能力提高了；借着分工，我们的才能增长了；借着互助，我们就较少遭到意外和偶然事件的袭击。

对于如何协调行动，休谟说："两个人在船上划桨时，是依据一种合同或协议而行事的，虽然他们彼此从未互相作出任何许诺。"①在休谟看来，社会中的人能够协作行动，人们在具体的行动面前无需承诺而完成协作。即协作是"心照不宣"地进行的。人们之所以能够如此在于人们之间存在"合同或协议"。

休谟同时认为，各种语言也是不经任何许诺而由人类协议所建立起来的。即在休谟看来，语言也是人类为了共同行动而形成的"合同与协议"。

这些合同与协议便是公共知识。公共知识是指属于群体中的一种知识。某个命题是某个群体的公共知识是指，该群体的每个人知道该命题，每个人知道每个人知道该命题……

公共知识概念及相应理论的建立是在 20 世纪，博弈论专家 R. 奥曼、T. 谢林和逻辑学家 D. 刘易斯对该理论的发展做出了重大贡献，而人们将该概念的源头追溯到休谟的"合同或协议"。

约定便是公共知识，而建立约定便是形成公共知识的过程。

① 休谟：《人性论》（下），商务印书馆 1997 年版，第 530 页。

约定是某个群体形成或制定的规范。这些规范往往以成文的或不成文的规则形式出现群体之中。群体形成约定是为了处理“随意性”,或者说是为了克服“随意性”。

当某人发出“渴”的声音时,我明白他需要水;当我开车行走到十字路口时,我发现交通灯由“绿”色经过短暂的“黄”色转变到“红”色,“红”色意味着我不能前行而应当停车了。

约定是某个群体形成或制定的规范。这些规范往往以成文的或不成文的规则形式出现群体之中。

约定是相对于某个群体的,对某个群体有效的规范对其他群体不一定有效。有时,在某个群体中建立起来的约定是“排他的”,如为了传输特殊信息的密码系统其解释规则是保密的。

人类社会有许多规范,但并非所有的规范都是约定。“不准偷盗”是所有社会里的行为规范,但它不是约定。但当有人因偷盗而被实施某种惩罚,这种相应行为下的相应惩罚则是约定。法律是约定,因为法律规定了不同行为下的不同后果。将“偷盗”行为看成是“不道德的”也是约定。因为偷盗是发生于群体中的一种行为,而“道德”与“不道德”是群体对行为的评价,将偷盗赋予“不道德的”属性,还是“道德”属性,或者与道德无关的属性,这取决于群体。若将“偷盗”看成是不道德的是群体所形成的一个共识,一旦有这样的行为发生,群体中的成员将自动地将不道德的属性赋予这个行为。

群体形成约定是为了处理“随意性”,或者说是为了克服“随意性”。若没有对各种行动后果的约定,对偷窃进行惩罚的执行者将无所适从。不同的人对同样的行为可能做出不同的惩罚。这是行为结果的随意性。在一个群体中,若没有意义约定,当某人发出“渴”的声音或写出“渴”的文字时,尽管我知道他要表达某种"意思",但我将不知其所云。对他所表达的"渴"我会猜测或确定许多不同的意思,而不能肯定。这是意义理解的随意性。

我们这里不分析法律等的行动结果约定,而简单地分析"语言"这种特殊的约定。任何可用的"语言系统"至少包含两部分:句法约定集和意义解释集。交通灯的颜色有"红"、"黄"、"绿",它们构成一个句法约定集:{"红","黄","绿"}。

句法约定集不同于其他集合,任何句法约定集至少有两个元素,复杂的句法约定集往往由得到规定的基本元素,加上将基本元素复合成为复合元素的"语法规则"构成,如日常语言就是这样构成的,逻辑系统也是如此。

意义解释集是对句法约定集中元素的"解释",或者说是"语义"。如对交通灯的解释构成交通约定系统中不可缺少的部分:"红"——禁止通行;"黄"——过渡状态;"绿"——可以通行。

句法约定集与意义解释集之间的关系是一个函数(映射)关系。

一个好的语言约定系统"应当是":1. 足够的表达力;2. 约定项与解释呈现一一对应关系:同一个约定项不能有两种解释,否则会出现歧义;两个约定项若有同一个解释则无必要有两个约定。然而,当约定系统有足够的表达力时,一一对应关系难以保证。人类的自然语言就是如此。

我们生活在各种约定之中。自然语言便是其中的一种。语言是一系列句法与意义约定的集合。某些动物可以与人一样发出各种声音,但动物的语言远没有人类语言的丰富,如果动物的声音系统可以称得上是语言的话。之约定有两种形成方式。第一种是群体在无意识中形成某些约定,如不同民族的风俗习惯;第二种是某个群体理性地建构某些约定,如各种合同、协议等等。

所以如此,原因在于人类形成了丰富的声音约定系统,以及符号约定系统即文字。当人们表达某种言语时,这些言语便携带意义。

约定是如何形成或建立的?约定有两种形成方式。第一种是群体在无意识中形成某些约定,如不同民族的风俗习惯;第二种是某个群体理性地建构某些约定,如各种合同、协议等等。

设想生活在两个文化系统中的两个人因某个偶然的因素相遇于一个与世隔绝的地方。假定他们以前从不知道对方所处的文化背景。他们将如何生活在一起?

我们尽可以展开想象:明朝郑和的船队到达非洲,水手李明失足掉入水中而没有被其他船员发现,他随海水漂到一个小岛边。LISA 几天前出海捕鱼,因遇风浪而被困在小岛上。LISA 发现了李明,将他救上岸。该岛远离非洲大陆,陆地上的人们以及渔民不能发现他们。两人合作的力量大于每个人的力量之和。他们深知这一点。但他们的"合作"面临困难:李明看到游向 LISA 的蛇而恐怖地叫"蛇"时,LISA 一脸茫然;而当 LISA 看到"兔子"兴奋而小声地说"GAWAGAI"时,李明不明就里的笨拙行动吓跑了兔子。李明的汉语和 LISA 的非洲土著语言彼此在对方那里将归于无效。为了生存,他们将形成新的约定,这些新约定往往从原先两人的语言系统中选出约定项,约定内容在他们之间是有效的。在磨合中,李明说"兔子"时,LISA 明白他指的是"GAWAGAI";LISA 说"GAWAGAI",李明明白她指的是"兔子"。当然,李明也可对 LISA 说"GAWAGAI";LISA 也可对李明说"兔子"。在李明和 LISA 那在某个时刻人们理性地建立某个约定是需要条件的,这个条件便是“同时性”。

里,“兔子”和“GAWAGAI”都指“兔子”。一个新的约定系统在他们中间形成。

因此,约定是多个人在某个行动或一系列行动中形成的。

然而,在某个时刻人们理性地建立某个约定是需要条件的,这个条件便是“同时性”。我们来看一看著名的“协同攻击难题”中约定为何建立不起来。

两个将军各带领自己的部队埋伏在相距一定距离的两个山上,等候敌人。将军 A 得到可靠情报说,敌人刚刚到达,立足未稳。如果敌人没有防备,两股部队一起进攻的话,就能够获得胜利;而如果只有一方进攻的话,进攻方将失败。这是两位将军都知道的。将军 A 遇到了一个难题:如何与将军 B 协同进攻?那时没有电话之类的通讯工具,而只有通过情报员来传递消息。将军 A 派遣一个情报员去了将军 B 那里,告诉将军 B:敌人没有防备,两军于黎明一起进攻。然而可能发生的情况是,情报员失踪或者被敌人抓获。即:将军 A 虽然派遣情报员向将军 B 传达“黎明一起进攻”的信息,但他不能确定将军 B 是否收到他的信息。事实上,情报员回来了。将军 A 又陷入了迷茫:将军 B 怎么知道情报员肯定回来了?将军 B 如果不能肯定情报员回来的话,他必定不会贸然进攻的。于是将军 A 又将该情报员派遣到将军 B 那里。然而,他不能保证这次情报员肯定到了将军 B 那里……

这就是著名的协同攻击难题(coordinated attack problem),它是由格莱(J. Gray)于 1978 年第一次提出的。有学者证明,不论这个情报员来回成功地跑多某个事件要成为公共知识，参与人要同时看到某个事件的发生。只要存在“不同时”，某个事件便不能成为公共知识。

少次，都不能使两个将军一起进攻。[①]

在协同攻击难题中，两个将军协同进攻的条件是：“于黎明一起进攻”是将军 A、B 之间的公共知识，然而，无论情报员跑多少次，都不能够使 A、B 之间形成这个公共知识！

在这个难题中，之所以约定建立不起来，是因为两位将军不能“同时在场”形成这个约定。某个事件要成为公共知识，参与人要同时看到某个事件的发生。只要存在“不同时”，某个事件便不能成为公共知识。

我们知道，根据爱因斯坦的理论，绝对的同时性是没有的。这样，绝对的同时性只是一个假定。在现实中，人们通过反复确认而使某个知识成为公共知识。

三、相关均衡与广义的协调博弈

无论是交通通行博弈还是划船这样的博弈，它们存在这样一个特点：在均衡点上人们的收益相同。此时，参与人努力通过合作避免出现非均衡的结果，博弈参与人关心的是博弈结果出现在均衡点上，而不关心出现在哪一个

① Ronald Fagin, Joseph Y. Halpern, Yoram Moses, Moshe Y. Vardi: *Reasoning about knowledge*, MIT Press, 1995.

广义的协调:存在多个均衡,在任何一个均衡点上所有参与人的结果都好于非均衡点,但是参与人在不同均衡点上的收益是有差异的。

均衡点上。在这个意义上,参与人之间的目标是一致的,在这样的博弈中参与人的利益相关但不存在冲突。

然而,存在广义的协调:存在多个均衡,在任何一个均衡点上所有参与人的结果都好于非均衡点,但是参与人在不同均衡点上的收益是有差异的。在这样的博弈中,每个博弈参与人不仅关心避免博弈结果在非均衡点上实现,这是所有博弈参与人的共同目标,在这个意义上他们是合作的;同时每个人希望博弈在他所偏好的均衡点上实现,在这个意义上他们是竞争的或冲突的。

考虑如下博弈。丈夫 Bob 和妻子 Ann 面临拳击赛和歌剧的选择,该博弈称为"性别之战"。丈夫喜欢看拳击赛,妻子喜欢听歌剧,但他们在一起好于分开。这个博弈有两个纯策略纳什均衡——两人均去听歌剧,或者两人均去看拳击赛。同时,该博弈有一个混合策略均衡:丈夫选择(拳击赛,歌剧)的概率为(1/4,3/4),妻子选择(拳击赛,歌剧)的概率为(3/4,1/4)。此时,两人的收益均为3/4。[①]

在这个博弈中,丈夫和妻子存在"合作":避免分开;但同时存在"竞争":丈夫希望一起看拳击赛、妻子则喜欢一起听歌剧,而这是不能同时满足的。

① 对于妻子:$U1 = 1 \cdot pq + 0 \cdot p(1-q) + 0 \cdot (1-p)q + 3 \cdot (1-p)(1-q) = 4pq - 3p - 3q + 3 = q(4p-3) - 3p + 3$。当 $p = 3/4$ 时,无论对方采取何种概率,妻子均有收益为 $U1 = 3/4$。同理,丈夫的策略为 $q = 1/4$,$U2 = 3/4$。

在有多个均衡的博弈中，人们可以通过某种“信号”而在某个均衡点上实现博弈结果，此时的均衡便是相关均衡。

妻子

		歌剧	拳击
丈夫	歌剧	(1,3)	(0,0)
	拳击	(0,0)	(3,1)

性别之战

我们同样可以通过约定来解决这个问题，然而我们不能像解决交通通行博弈问题那样来解决，因为目标存在冲突。指定某个而不是另外一个行动的约定被认为“不公平”——偏袒一方而损害一方。那么如何约定才能是“公平”的？一个自然的想法是，让老天爷来决定吧！。

两个人可以商量“我们采取投掷硬币的方式来决定吧”。双方约定：如出现正面的话一起看歌剧，出现反面的话，一起去看拳击赛。双方都认为这是公平的。

通过这样的约定，这个博弈的结果将能够在纯策略纳什均衡点上出现。此时，采取这样的方法，博弈结果还是不确定的，但可以肯定的是，两人分开的可能性被排除了。通过这样的约定，双方的收益提高了：每个人的期望收益为：$1/2 \cdot 1 + 1/2 \cdot 3 = 2 > 3/4$！

在有多个均衡的博弈中，人们可以通过某种“信号”而在某个均衡点上实现博弈结果，此时的均衡便是相关均衡。这里，投掷硬币这样的约定是产生信号的方法。

有人会说，若其中的一个人反悔，约定不就失效了？若其中一个人反悔，另外一个人若同意对方的反悔，那么他们必须开始一个新的约定，否则他们会面临一人看歌剧、一人看拳击赛的不利结果；若不同意反悔，结果则取决于双方的坚持程度。

当然，投掷硬币只是其中一种约定方式。有可能的是，在结婚时妻子与丈夫约定一切得听从她的，此时博弈结果在一起看歌剧这个均衡点上实现；也有可能的是，丈夫是大男子主义者，丈夫与妻子之间已经形成了默契（隐含的约定），进行这样的博弈时，双方均选择看拳击赛。但无论是何种约定，分开的可能性被排除，双方或者一起看歌剧或者一起看拳击赛，所不同的是不同的约定加在（歌剧，拳击赛）的概率配置不同。

这个博弈可以有很多应用。两个企业甲、乙面临到两个城市中的一个城市发展市场的选择。这两个城市为 A、B。假定这两个企业间关系是互补型，如两个企业的产品为配套产品，若无对方产品，自己的产品无法出售，即两个企业分别到两个城市的收益为 0。但是，对于不同的城市，两个企业的利润不同：一起去 A 城市对乙有利，对乙的好处为 3，对甲的好处为 1；一起去 B 城市对甲有利，好处为 3，对乙的好处为 1。

		企业乙	
		A	B
企业甲	A	(1,3)	(0,0)
	B	(0,0)	(3,1)

所谓相关均衡，是由某个中间人或调解人推荐的策略所形成的，这样的策略没有约束力，但参与人对之无改变的动机。

两个企业可采取同样的方法即约定来解决。即使用简单的投掷硬币的方式，其收益为2，总优于混合策略均衡时的收益3/4。当然，也可能有其他方法，如某个企业如甲，发出某个不可“更改”的“强硬”信号，将选择B地作为发展的市场，企业乙观察到这个信号，只有乖乖地跟从企业甲去往B地了。

这样的均衡便是奥曼（R. Aumann，1974）[①]所提出的“相关均衡”（correlated equilibrium）。所谓相关均衡，是由某个中间人或调解人推荐的策略所形成的，这样的策略没有约束力，但参与人对之无改变的动机。

下面我们考虑一个与上面博弈稍微不同的博弈，以弄清它的相关均衡。参与人甲、乙分别有两个策略A、B。

乙

		A	B
甲	A	(5,1)	(0,0)
	B	(4,4)	(1,5)

该博弈有三个均衡：两个纯策略均衡(5,1)、(1,5)，以及一个混合策略均衡(2.5,2.5)。由于(4,4)尽管是一个好的结果，但是该点不是一个稳定的点，因而该点是不可能实现的。

① 奥曼为著名的博弈论专家、美国纽约州立大学石溪分校和以色列耶路撒冷大学教授，因对发展博弈论的贡献获得了2005年诺贝尔经济学奖。

相关均衡可以通过参与人之间的约定实现,可以通过第三者的调解实现,也可以通过参与人的泄密来实现……总之,这些方式将某个信号加在博弈参与人的群体之上,参与人“共同观察”到这些信号,而使这些信号成为公共知识。

存在一个方法,通过某种通讯,参与人能够有一个好于(2.5,2.5)的期望支付配置。例如,通过抛硬币的方式,观察硬币的信息,参与人决定是在(5,1)还是在(1,5)点上实现结果。一旦信号出现,双方便能够按照信号来行动,这样的信号尽管没有约束力,但是由于每一个参与人都不能单独改变行动而获得更大的好处,因此,这样的结果具有“自我强制性”。

为什么不将(4,4)纳入约定的范围之内?如果博弈在这点上实现,那是一个理想的结果:每个人都确定地得到4,大于上述的期望支付2.5。为此,我们可以看到,若以某个事件作为信号,该事件有三个状态,每个状态发生的概率各为1/3,以这三个状态分别对应于(5,1),(4,4),(1,5),那么此时的结果将是,期望收益为(10/3,10/3),比上述的约定更好。然而,我们看到,若出现了应当实现(4,4)点的信号,即约定“甲采取B策略、乙采取A策略”,甲将自动地不遵守这样的约定,而采取A策略——因为违反将给他带来支付增加。因此,(4,4)的结果不具有自我强制性,因而不可能通过约定来实现,即它不是相关均衡。如何实现(4,4)这一点呢?这是一个问题,希望读者能够给出有效的方法来。

博弈论专家证明,一个博弈存在混合策略均衡,并且存在比之更好的纳什均衡,那么,相关均衡就是存在的。

相关均衡可以通过参与人之间的约定实现,可以通过第三者的调解实现,也可以通过参与人的泄密来实现……总之,这些方式将某个信号加在博弈参与人的群体之上,参与人“共同观察”到这些信号,而使这些信号成为公若在协调博弈中参与人无法通过“约定”以建立新的公共知识来实现约定均衡,此时参与人如何实现协调理性?——不妨求助于博弈双方的“共同文化”。

共知识。这些新的公共知识的添加,使参与人的行动推理有了新的前提,参与人共同选择了这个均衡点。

四、从“共同文化”中寻求破解协调博弈的弱公共信念

若在协调博弈中参与人无法通过“约定”以建立新的公共知识来实现约定均衡,此时参与人如何实现协调理性?

来看一个这样的协调博弈:

假设有 4 个球,其中 3 个球为黑球,1 个为红球。这 4 个球分别编号。你和另外一个人进行这样一个博弈:你们同时在纸上写下一个球的编号。规则规定,若你们两人所选择的球为同一个球,你们将获得奖励,若选择的球不是同一个,那么你们两人都没有奖励。假定你和他人事先没有通讯。

你将如何选择?

这也是协调博弈:你和他人共有 $4 \times 4 = 16$ 个可能的选择组合。其中 4 个选择组合是纳什均衡,此时双方有奖励;另外 12 个组合为非纳什均衡,在这些组合上双方都没有奖励。若两人均随机选择,获奖的概率为 1/4。

你和对方在选择时都会这样想:对方选择什么,我选择什么?但是对方

所谓焦点均衡其实是“我们的认知背景”
与这个博弈“共振”所形成的。

选择什么，是预先所不知道的。这里没有第三个调停人，也没有预先约定。如何破解这个困局？只有靠当下的你自己！

这个博弈中的额外信息是，红球只有1个，而黑球有3个。这个博弈给出这样的“信号”，红球是“突出的”。在我选择红球的情况下，对方若选择红球，他选择相同的红球的概率为1，因此，我与对方都选择红球，我与对方的成功概率为1。

若我们选择黑球，我们选择相同黑球的概率为3/9。因此，我与对方都选择黑球时，我与对方成功的概率1/3。也就是说，若我选择某个黑球，对方也选择相同的黑球的概率为1/3；对方与我处于相同的情景之中。

这个博弈中，我与对方均选择红球，这个选择所形成的均衡是谢林所提出的“焦点均衡”。

实现这个均衡的前提是，我与对方进行选择场景下所含有的信息中，“红”与“黑”为对比色，而红球只有一个，这种信息使得4个球之间不是无差异的。这样，唯一的“红”球使得它有别于其他3个黑球，双方将“聚焦”于红球。

之所以双方都聚焦于红球，是因为外部信息与我们的感官之间的“共振”。在我看来，“红球是突出的”；我想，在对方看来，“红球也是突出的”，对方也会这样思考……

这个游戏的结果取决于博弈者的共同认知背景。所谓焦点均衡其实是“我们的认知背景”与这个博弈“共振”所形成的。

“共同认知背景”与“共同文化”密切相关。让两个人从一群鸡与一只鹤组成的群体中选择一只相同的动物，此时，任何游戏进行者都能够选中鹤。因为“鹤立鸡群”是任何人都能够观察到的一个信息，而不在于是否知道这个成语。当然处于中国文化语境中的人更会选择鹤，因为传统的成语教育使得“鹤立鸡群”成为我们的“共同文化”的“弱公共信念”。

我们将这个游戏改变一下，说明“共同文化”在协调博弈破解中的作用。

假定这4个球的颜色都一样，不同的是每个球上标明了不同的数字。选择的双方选择相同的球将获得奖励，选择不同的球一无所得。假定这样的数字为1,3,6,8。如果让读者你来玩这样的游戏，你会选择什么数字的球呢？你可以用心想一想。

你是否会选择8呢？如果让你来选择你所喜欢的数字，你可能不一定选择8，但让你与他人（中国人）进行这样的游戏时，你极有可能会选择8！这是文化的力量。因为你要考虑他人的选择，对中国人而言，“8”有特殊的含义！8这样的选择反映了时代背景中的信息！如果两个外国人进行这样的游戏，未必有这样的选择。至于他们会选择什么，取决于进行这个游戏的外国人究竟是哪国人，他们的特殊的文化背景将使某个数字突显出来！

为了确定共同文化在博弈中的作用，我们设计了如下一个协调博弈：

> 请从“2”、“7”、“8”、“9”这4个数字中选出一个数字，若你所选的数字为在座的同学中最多的人所选，那么你将是获胜者，请解释你的选择。

当一群人在现实中进行某个博弈时，博弈参与人所拥有的信息不仅仅是博弈结构所给予的，还包括这些人背后的、与博弈相关的共同认知背景，它成为指导群体中成员行动的背后力量，而要确定共同认知背景应在“共同文化”之中寻找。

我们将该博弈作为南京大学文化素质课程“逻辑与科学方法基础”考试题，即该实验是在考试中进行的（本题略带“欺骗”的性质，因为学生预先不知道该题做任何选择都给满分）。实验总人数：167 人。在实验之前，学生没有听说过该类测试，在实验中学生之间没有任何交流。我们将测试结果进行了统计与分析。选择“8”的人有 86 人，占 51.50%，选择“2”的有 54 人，占 32.34%。而选择“8”的理由大体是：“8”在中国人心中有特殊意义，代表“发”，寓发财发达之意，是国人喜欢的吉利数字、幸运发财之数，买车牌号码、电话号码等都喜欢带“8”的。选择“2”的人，理由往往是：“2”位置特殊（第一个），或数字特殊（后 3 个数字连续）等。

因此，当一群人在现实中进行某个博弈时，博弈参与人所拥有的信息不仅仅是博弈结构所给予的，此时的信息还包括这些人背后的、与博弈相关的共同认知背景，它成为指导群体中成员行动的背后力量，而要确定共同认知背景应在“共同文化”之中寻找。

这些相关认知背景是博弈参与人共有的，所有参与人都“能够”反思得到，并且每个人“认为”其他人“应当”能够反思得到，以此类推。但是，由于人理性的有界性，人们不能找到与博弈相关的所有信息，如面临上述博弈时，某个人可能一时“想不到”“8”是吉利数字；并且，由于这些信息与博弈的弱相关性，如数字是否吉利并不必然与博弈相关。这些认知背景虽是公共的，但并不能成为群体之间严格的“公共知识”。我们称博弈参与人共同具有的与博弈相关的信息为某个博弈中的“弱公共信念”。

更多的情况下,“共同文化”能够告诉我们“应该”选择什么、“不应该”选择什么。

弱公共信念与公共意识(心理)或群体意识(心理)相联系。知识是理性的,因而是逻辑的研究对象;意识则包含大量的非理性的成分。在弱公共信念中理性的成分有多少?非理性的成分有多少?则需要我们做进一步研究。

参与人的共同文化加在某个博弈之上得到“弱公共信念”,我们的“共同文化”使得我们进行协调博弈时,突出或放大某些差别,当然也在缩小某些差别。焦点均衡便出现。当然,不同群体有不同的共同文化,进行同样的协调博弈时,出现的焦点均衡也不一样。

因此,当进行诸如此类的协调博弈时,我们需要做的是在“我们”(我与对方)的共同认知背景中寻求解。这种选择有时可能是直觉的:或者直觉到某个选择更为突出、更能够为他人所选择,或者直觉到某个选择更合意。当然,在更多的情况下,“共同文化”能够告诉我们“应该”选择什么、“不应该”选择什么。

五、在共同记忆中形成重复性协调博弈的解

若重复进行协调博弈,博弈结果将如何?

上述数字选择博弈是一个“多数者博弈”:参与人所考虑的是在所面临的多个选择中选择大多数人所选择的。然而,难就难在如何与多数人的选择一致。但是,若重复进行这样的博弈,并且在第二次博弈时将第一次的博弈

若我们重复进行协调博弈，我们可在历史中寻求解——这个历史是博弈参与人的“共同记忆”。

结果告诉选择者，第二次博弈以及以后的博弈中，人们选择的结果将是第一次选择的结果，并且，博弈会很快收敛于第一次的结果。如上述数字选择中“8”是大多数人所选择的，若重复进行这样的选择，我想，第二次选择“8”的人比第一次博弈中选“8”的人要多（如果不是所有人的话），第三次则更多……

这里，多数者博弈存在纯策略均衡：任何一个大多数人所选择的点构成均衡点，这个点的选择者不背离这个点。而少数者博弈[①]无这样的纯策略点。

其他类型的协调博弈的重复也是如此。某些博弈中收敛于某个均衡可能是因为偶然的因素，如在没有交通规则下两个人在狭小的路上相遇，碰巧的是每人各走一侧，他们得以顺利通过；若他们发生碰撞，他们双方会尝试着各走一侧。若他们下次再相遇，他们会“记得”上次的行走路线，无论是碰巧形成的均衡、还是碰撞后找到的均衡。这里，过去的历史构成他们的“公共记忆”，成为协调他们行动的“信号”。

上述分析对我们有借鉴意义。若我们重复进行这样的协调博弈，我们可在历史中寻求解——这个历史是博弈参与人的“共同记忆”。以往的解便是未来的解，若我们在以往的选择中选择“正确”，在接下来的博弈中我们继续这个选择，若我们选择“错误”，我们要改正我们的“错误”。这里的正确与错误指的是，是否与大多数人一致。

① 参见潘天群：《博弈生存》，中央编译出版社 2004 年第 2 版。

存在一类博弈，在这类博弈中，存在多个策略组合所形成的纳什均衡，但在某个均衡上，所有参与人的收益都是最大的。这是一种特殊的协调博弈。

六、"无理由"的理由

存在一类博弈，在这类博弈中，存在多个策略组合所形成的纳什均衡，但是在某个均衡上，所有参与人的收益都是最大的。这是一种特殊的协调博弈。

这种博弈的特殊性在于：它不像性别之战那样，参与人在实现哪个均衡的问题上存在冲突，也不像交通通行博弈那样，所有参与人对哪个均衡没有偏好，因而没有冲突，而在这类博弈中，参与人对均衡的严格偏好是一致的。

看下面的博弈：甲乙分别有A、B两个策略。均选A，收益均为3。

		乙 A	乙 B
甲	A	(3,3)	(0,0)
	B	(0,0)	(2,2)

该博弈中存在3个均衡：均选择A，支付分别为3；均选择B，支付分别为2；一个混合策略均衡：以2/5的概率选A，3/5的概率选择B，期望支付为6/5。我们可以看到该博弈有这样一个特点：在均衡(3,3)点处，甲乙的支付均比(2,2)以及混合策略均衡处的支付要高。

然而，一旦进行这样的博弈时，尽管(2,2)也是均衡，该博弈"没有理由"

在该均衡上实现;该博弈也不会在混合策略均衡处实现。也就是说,甲乙均选择A,将是这个博弈的结果,而无需任何条件。

之所以该博弈自动地在该均衡上实现,是因为,该均衡对双方都是最好的结果,并且这是公共知识。在这样的博弈中双方的利益不仅不存在冲突,而且在其他人在最好的状态下,我的状态是最好的。既然如此,尽管没有任何信号,"我们"何不进行这样的"协同选择"呢?

人们会说,会不会出现这样的情况:若我选择策略以期望实现最好的结果,对方不做相应的选择?举例来说,甲选A,而乙选择B?应该说,乙"没有理由"选择B。若乙选择B,其理由只能是,甲选择B,但没有任何根据(如某个信号)表明,甲会选择B!同样,甲没有理由选择B。

我们看到,在(3,3)上实现结果不需要双方任何理由,也无需任何信号作为理由。若要在(2,2)上实现,则需要对方做出B这样的选择作为理由。但要对方选择B,唯一的可能是双方事先进行这样的约定,而如果预先有约定,为什么不约定选择A从而实现(3,3)?因此,(2,2)是不可能实现的。

举一个例子。

假定甲国是资源大国,但因财力的限制只能在开发石油和开发煤炭之间作出选择,而乙国是技术强国,同样因财力的限制,需要在"开发石油新技术"和"发展煤炭新技术"之间进行选择。双方是依赖性的关系或者互补性关系:没有甲,乙无法将石油或煤炭开发出来,没有乙,甲英雄无用武之地。假定支付矩阵如下:

存在另外的均衡，在这个新的均衡点上每个人的收益要更高。但是，要达到这个新的均衡点，需要参与人同时共同做出行动改变目前的均衡。

甲

		石油新技术	煤炭新技术
乙	石油	(3,3)	(0,0)
	煤炭	(0,0)	(2,2)

在这样的博弈中，即使双方没有事先接触，都能够自动地将博弈均衡确定在(石油，石油新技术)。

七、信号与均衡的调整

在上一节中，我们分析了存在差异的广义的协调博弈，参与人将无理由地选择对于他们最好的那个均衡。然而，在某些情况下，参与人在进行这样的博弈时，一开始就处于某个均衡之中，然而在这个均衡上每个参与人的收益不是最优的；存在另外的均衡，在这个新的均衡点上每个人的收益要更高。但是，要达到这个新的均衡点，需要参与人同时共同做出行动改变目前的均衡。

如何实现新的均衡？

我们分析劫机博弈。客机被劫机犯所劫持。劫机犯声称，他们的目的是获得赎金，并且说只要与他们合作，他们的目的达到后将释放乘客。但是没有人知道他们的真正目的是什么：有可能真的是勒索，也有可能如“911”事件中发生的那样,让乘客陪葬。

劫机犯人数不多,若所有乘客一起反抗,劫机犯将被制伏,这个结果是确定的;若部分乘客反抗,反抗者将被劫机者杀害,这也是确定的,不反抗者不被立即杀害,但他们未来的命运是不确定的;若乘客均不反抗,乘客未来的命运是不确定的。

假定只有两个乘客:“甲”和“乙”,每个乘客有可以选择的行动“反抗”和“不反抗”:

		乙	
		反抗	不反抗
甲	反抗	(1,1)	(-1,0)
	不反抗	(0, -1)	(0,0)

劫机博弈

这个博弈的均衡有两个纯策略均衡:第一,“一起不反抗”。因为对每个人而言,在其他人都不反抗的情况下,自己不反抗的收益——可能生也可能死,大于单独反抗——被杀害。第二,“一起反抗”。因为在其他人反抗的情况下,当下自己反抗行动的收益是,制伏劫机犯,消除危险;在其他人反抗的情况下若自己不反抗,将被认为是懦夫。

在劫机博弈中,尽管乘客“一起反抗”的均衡优于“一起不反抗”的均衡,但劫机行为往往能够成功,即博弈在“一起不反抗”的均衡处实现。原因在于:劫机是突然出现的事件,乘客处于无准备之中,因而处于不反抗的状态之在博弈中人们是根据他人的行动而进行行动推理的。

中，乘客们来自于四面八方，不可能事先商量好，以做出一起反抗的反劫机行动。劫机者宣布他们的“政策”，劫机者与乘客的博弈便处于“不反抗”的均衡之中。

乘客若要改变现有的均衡，便需要一起行动。劫机者为了防止乘客将这个均衡改变到另外一个均衡——“一起反抗”，往往要切断乘客之间的联系。

在博弈中人们是根据他人的行动而进行行动推理的。在劫机博弈中，某个乘客想：“若其他人都反抗，我就反抗，而其他人反抗是基于每个人包括我都反抗的基础上的，而我反抗的条件是其他人都反抗……”为了实现“所有人反抗”的均衡，必须使“每个人都反抗”成为公共知识。如何才能使“每个人都反抗”成为公共知识？这需要“信号”。

这样的信号往往由某个人发出，这个人便是“英雄”。因为他的振臂一呼，乘客便一起行动，然而他的行动若没有人响应，他将被劫机犯所惩罚。“英雄”为群体的利益，做了常人做不到的事情。

第3章　鹰鸽博弈:避免更糟

有时候,博弈中的双方冲突似乎无可化解,那么,除了鱼死网破,双方还有没有合作的可能。本章讨论这样一个问题,在鹰鸽博弈中,冲突的双方通过采取不同的鹰(强硬)、鸽(妥协)策略以避免冲突升级、最终两败俱伤的结局。

避免更糟,这是鹰鸽博弈的最佳结局。

问题是,谁会心甘情愿地采取鸽(妥协)策略?

如果你具有鹰性格和鹰能力,你怎么能够让对方采取鸽(妥协)策略?

如果你自觉实力不及对方,你怎么能够在与比你强大的对手角力中全身而退,而且最大限度地保全脸面?

一、鹰还是鸽?

在广义的协调博弈中存在一个特殊的博弈——“鹰鸽博弈”或“斗鸡博弈”,它被博弈论专家广泛地研究。该博弈有不止一个纯策略均衡。

两个参与人为甲、乙,他们均有两个可选择的策略“鹰”、“鸽”策略。若两人均选择“鹰”策略,那么,结果是两败俱伤,收益均为 -2;若一人采取“鸽”策略、一人采取“鹰”策略,结果是,两人避免了两败俱伤,但采取“鹰”策略的人赢得了面子,收益为 1,采取“鸽”策略的人没有了面子,收益为 -1;若两人均采取“鸽”策略,两人均没有了面子,但避免了两败俱伤,收益为 -1。具体情况见下面的支付矩阵。

		乙	
		鹰	鸽
甲	鹰	(-2, -2)	(1, -1)
	鸽	(-1,1)	(-1, -1)

鹰鸽博弈

在这个博弈中存在两个纯策略均衡:(1, -1)和(-1,1),即一人采取“鹰”策略,另外一人采取“鸽”策略;以及一个混合策略均衡:甲乙均以 1/3 的概率采取“鹰”策略、2/3 的概率采取“鸽”策略,期望收益为 -2/3。

鹰鸽博弈有两个纯策略均衡，该均衡点上好于非均衡点，但是这两个均衡点上双方的收益存在差别，在这个意义上，双方存在竞争性。

参与人如何进行策略选择？

该博弈被称为斗鸡博弈、鹰鸽博弈或胆小鬼博弈。

在这个斗鸡博弈中，若由于某种因素博弈的结果出现在这两个纯策略均衡中的一个，那么该结果是稳定的。但是，对于这两个参与人而言，两个均衡的结果差别很大，若他们各自为实现自己希望的均衡，分别都采取“鹰”策略，其结果将是两败俱伤。

这个博弈有两个纯策略均衡，该均衡点上好于非均衡点，但是这两个均衡点上双方的收益存在差别，在这个意义上，双方存在竞争性。

上面本人多次陈述：若某个博弈只有一个均衡点时，这样的博弈将在该均衡点上实现。这样的均衡可以通过“重复剔除严格劣策略”而得到。

在一个博弈中若策略 A 与策略 B 相比，在其他参与人采取任何策略的情况下，策略 A 都比策略 B 要好，则策略 A 是策略 B 的严格占优策略，策略 B 是 A 的严格劣策略。作为理性人，任何一个实际行动者都不会采取严格劣策略。因此，若一个博弈中存在严格劣策略，我们可以通过消除参与人的严格劣策略，而使博弈简化；若通过不断消除严格劣策略后剩下一个点，那么该点就是唯一的纳什均衡点，纳什均衡点不能被重复剔除严格劣策略方法所消除。那些被重复剔除严格劣策略而消除的点是不可能达到的博弈结果。

一个博弈，若存在多个均衡点，并且对于博弈中的参与人而言，除了对博弈结构的信息的获悉外，没有其他的信息，那么，除了那些重复剔除严格劣策双方都选择“鹰”策略将出现对双方而言都糟糕的结局。理性的参与人往往努力避免这个结果的出现。

略而排除的点(可能结果)外,任何一个点都是可能的:博弈既可以在任何一个均衡点上实现,也可以在非均衡点上实现。斗鸡博弈便是这样的博弈。

斗鸡博弈共有四个可能的结果,任何一个结果都是可能出现的。而双方都采取“鹰”的策略对双方而言都是最差或最糟糕的结果。博弈参与人如何避免这个最糟糕的结果?

双方都选择“鹰”策略将出现对双方而言都糟糕的结局。这个结果是不合理的,理性的参与人往往努力避免这个结果的出现。

在1962年古巴导弹危机中美国与苏联的博弈可看成是“斗鸡”博弈,美国人采取了鹰策略,苏联人采取了鸽策略。在这个博弈中,双方都是理性的,尽管苏联人丢了脸面,但是博弈结果是合理的。1999年3月北约进攻南联盟的科索沃,科索沃战争爆发,此时的北约与俄罗斯的博弈也可以说是斗鸡博弈:俄罗斯人采取了鸽策略,北约采取了鹰策略……

是否进行这样的博弈参与人都能够避免“冲突”从而达到“共赢”? 未必! 参与人“火并”的例子不在少数。在参与人都是“强硬”的“鹰性格”的情况下,两败俱伤的博弈结果便是可能的。如何避免?

自然是,你可想到,可以通过约定来解决这个难题。你可能会说:双方进行这样一个约定——我们一起“退”即均采取“鸽”策略,问题不就解决了?这看上去是一个好的办法。但是在约定完成后,甲想:既然乙采取“鸽”策略,我不遵守约定对我是有利的,当然对乙也没有损失。乙也做同样的想法。当双方都这么思考的时候,约定无效!

你可能这么反驳:“既然双方违反均采取‘鸽’策略的约定将导致两败俱伤,他们将会遵守约定。”双方均违反约定,将两败俱伤,不表明他们双方必然遵守约定,而是:每个人希望对方遵守约定,而自己不遵守约定。这样,结果是不确定的。即两败俱伤并没有通过约定而得以解决。

若约定一方退一方进,但谁都不愿意退而都愿意进。在分析这个问题之前,我们先看谢林是如何解决这个难题的。

二、谢林的方法:边缘策略

参与人如何在鹰鸽博弈这样的竞争博弈中避免更糟,这是谢林所思考的。

2005 年托马斯·谢林与罗伯特·奥曼同获诺贝尔经济学奖。作为博弈论专家的谢林,其主要工作是将博弈论用于政治、商业等活动之中。

托马斯·谢林(1921—),美国马里兰大学、哈佛大学的荣誉教授,长期从事于博弈论的应用研究,他一生勤耕不辍,著作等身。主要著作有:《冲突的策略》(1960),《军备和影响》(1976),《微观动机和宏观行为》(1978),《能源问题上的思考》(1979),《环境保护的动机》(1983),《策略与军备控制》(1986),《讨价还价,交流和有限度的战争》(1993)。

谢林将博弈论成功地应用于现实政治之中。

冲突的双方也存在合作的可能。这就是努力避免更糟。

边缘策略或悬崖策略:给对手制造风险,将对手带到灾难的边缘,而迫使对手屈服。

谢林认为,冲突的双方也存在合作的可能。这就是努力避免更糟。如何避免更糟呢?谢林提出了边缘策略或悬崖策略(brinkmanship)概念:给对手制造风险,将对手带到灾难的边缘,而迫使对手屈服。

在鹰鸽博弈中,一方可通过边缘策略,使对方相信自己坚决采取鹰策略,从而逼迫对手采取鸽策略。

在冷战时期的古巴导弹危机中,学者们认为肯尼迪政府成功地运用了边缘策略。1962 年 10 月美国人的侦察机发现了古巴军事基地装备苏联核导弹。肯尼迪政府经过了 10 天的紧张讨论后,对外宣布美国要对古巴实施海上封锁。此时,若苏联政府不将导弹撤走,一场大战即将开始。面对美国人的鹰策略,赫鲁晓夫继续与美国对抗还是退下来?赫鲁晓夫看到,若导弹不撤走,两国冲突将升级,两国爆发核战争的可能性在加大。看到面临的危险,赫鲁晓夫不得不下令将古巴的导弹拆除运回国。

我们可看到,所谓边缘策略就是实施可信威胁,逼迫对手采取有利于自己的策略。在古巴导弹危机中,美国的威胁("封锁古巴")是可信的。然而,美国也有危险,若苏联人接受挑战、不把导弹撤走,双方将走向战争。为了减少这个危险,美国人做了妥协从土耳其撤走了美国导弹,给了赫鲁晓夫撤走导弹的台阶。

边缘策略目的是减少理性的对手的策略空间,使对手做出不得已的选择。我们常说的“破釜沉舟”便是边缘策略。

其实,边缘策略目的是减少理性的对手的策略空间,使对手做出不得已的选择。边缘策略也可对自己使用。我们常说的“破釜沉舟”便是边缘策略。①

当其中一个参与人实施了悬崖策略,对方被置于危险的边缘,那么被置于危险边缘的对方只有做“鸽子”。因此,在某些情况下谢林的悬崖策略是有效的。

然而,谢林的悬崖策略不能作为通用的避免两败俱伤的方法。因为,第一,不能保证任何一个这样的斗鸡博弈都存在悬崖策略;第二,存在两个参与人同时使用悬崖策略的可能,此时,两败俱伤的结果同样可以出现;第三,不可信的悬崖策略往往会适得其反,两败俱伤在笨拙的悬崖策略下实现。

因此,我们需要寻求新的避免两败俱伤的良方。

---

① 谢林对博弈论的另外一个贡献是,用方格矩阵来表示一个简单的两人博弈。用矩阵表示一个博弈中两个参与人可能的策略,和各种策略组合下的支付,这个方法简单、直观,易于教也易于学。博弈论能够有今天这么大的影响,与谢林这个不起眼的发明分不开。他谦虚地说道:“假如真有人问我有没有对博弈论做出一点贡献,我会回答有的。若问是什么,我会说,我发明了用一个矩阵反映双方得失的做法……我不认为这个发明可以申请专利,所以我免费奉送……现在我愿提供给各位免费使用。”

参与人可约定一个新的博弈来决定谁采取“鹰”策略、谁采取“鸽”策略。通过这样的游戏，不确定性或运气被用来确定人们的行动。

三、约定新博弈：斗鸡博弈新解

在一个斗鸡博弈中，为了防止两败俱伤的情况发生，上文说过，可通过实施有效威胁、将对方置于威险的边缘而迫使对方退却。若双方均没有有效的悬崖策略，参与人能够有其他的方法吗？

在斗鸡博弈中，两败俱伤的结果不是均衡，在这点上任何一个参与人都“后悔”采取了“鹰”策略。然而，他们的“后悔”是“条件性后悔”——在他人采取当下策略的条件下即在他人“不后悔”的条件下，他后悔采取了当下策略。[①] 这一点是他们的公共知识。为了防止这个“条件性后悔”的情况发生，在博弈开始时：改变“后悔的条件”——即让对方不采取当下的策略，或者自己不采取当下的策略。

参与人可约定一个新的博弈来决定谁采取“鹰”策略、谁采取“鸽”策略。通过这样的游戏，不确定性或运气被用来确定人们的行动。这样的游戏可以是一场足球赛，可以是一局麻将，甚至可以是简单的投掷硬币；当然也可以是赌明天的天气，等等。

① 纳什均衡是这样一种条件性“不后悔”状态：任何一个参与人在他人“不后悔”的情况下“不后悔”他当下的策略。

在这个新博弈中，让一方采取“鹰”策略另外一方采取“鸽策略”成为一个“必然性事件”，至于哪一方采取“鹰”策略、哪一方采取“鸽”策略，则是“随机事件”，双方均采取“鹰”策略成为“不可能事件”。两败俱伤便避免了。

比如，双方约定以投掷硬币的方式来决定各自的策略选取。双方约定出现正面，甲采取“鹰”策略；出现“反面”，乙采取“鹰”策略。此时，由于硬币出现正面和反面的概率是一样的，为1/2，每个人的期望收益为：

$$EU = 1 \times 1/2 + 1 \times (-1/2) = 0$$

我们可以看到，采取约定的方法双方的收益比采取混合策略的期望收益 $-2/3$ 要高。

在影视剧中我们经常见到这样的场面，大军面临行进的困难，军中的“主进派”和“主退派”产生激烈争吵。若两派均“坚持己见”，那么大军将瓦解，若一方“坚持己见”、一方“放弃己见”，大军没有分家，但前者在军中赢得威望，有了面子，后者的威望下降；若两者均“放弃己见”，双方的威望均下降，但大军还能够团结在一起。大军瓦解是谁都不愿意出现的结果，为此，双方约定说：“让我们看上天的安排吧！”上天的旨意往往通过人的具体的活动而得到。双方可这样约定：两枚铜钱或龟甲等其他东西，均正面朝上则继续前进，否则“后撤”。双方接受了这个概率上不相等但认为是公平的约定。这里，双方所拥有的获胜概率取决于实力、信心以及对游戏的认知等多种因素。这样的游戏往往由神职人员通过一系列复杂的活动来完成，或者由某个有威望的人来实施。游戏结束，胜利者往往高呼“这是上天的安排！”失败者无奈地接受这个结果。

在现代文明社会里人们采取投票的方式来解决这样的斗鸡博弈。投票的一个根本作用是“统一思想”、“协调群体的行动”,在根本上类似于抛硬币、掷骰子。当然,我不是说,投票对于集中民意不重要,它当然是集中民意的一个好方式。我要说的是,“民意”与上述的“天意”都是一个作用:避免斗鸡博弈的糟糕局面。

通过游戏确定行动在现实中也时常遇到。我们看一个例子。1949 年 10 月 1 日,中华人民共和国宣布成立,然而西南边陲的少数民族仍处于摇摆之中,国民党军队的力量仍触及该地区。该地区的少数民族面临何去何从的选择。你可能说:当然选择共产党。然而,在当时的情景下,人们看不清未来的形势。

1950 年 12 月普洱专区第一次民族代表会议举行。来自 15 个县的 26 个民族的头人、首领及各族各界代表人士 300 余人聚集一起,商讨他们的未来。激烈讨论后,他们决定,是否跟共产党走,要看“天意”。所谓“天意”是通过佤族的祭祀仪式“剽牛”的方式来决定。与会的代表最后同意,如果剽牛成功,就跟着共产党走;如果不成功,就各走各的路,各管各的寨子。

26 个民族的前途由原始的剽牛活动来决定,这有点不可思议,然而这是实实在在的历史事件。剽牛,其实就是杀牛的一种方式,在云南边疆的佤族、哈尼族、布朗族等民族中流行久远。剽牛仪式一般在重大的节日或祭祀活动时举行,由德高望重的人主持,由剽牛手手持铁剽刺进牛的心脏使其致死,而后把牛肉均分到各户祭祖。所谓剽牛成功,指的是牛倒下后,剽口向上,并且牛头倒向南方。

这里出现两种意见:“跟共产党走”、“不跟共产党走”,尽管没有史料记载谁代表后一种意见,但可以肯定,若无后一种意见,便没有由“上天”来决定的剽牛活动。

根据记载,仪式开始后,佤族头人拉勐手握剽枪,口念咒词,绕着水牛来回地跳。咒词念毕,他看准水牛右肋巴血仓部位,用尽全身力气,猛然将剽枪刺入。水牛摇摇晃晃地倒在地下,牛头向着预想的南方边疆的方位,并且剽口朝上!

天意决定了要跟共产党走!

于是,26 个民族的头人和共产党的代表又一起喝了咒水,通过了民族团结誓词,并各自郑重签下姓名。之后,由“普洱区第一届兄弟民族代表会议”刻立了一块石碑。

这是由上天来决定命运的一个真实事例。在剽牛的行为中,拉勐倾向于剽牛成功——剽口向上、牛头向南,他也力图成功;然而,剽牛是否成功不是完全由他决定的。

四、盟誓:能否有效?

通过新的游戏,谁采取“鹰”策略、谁采取“鸽”策略被唯一确定。为此,这样的游戏应当具有以下的特征:

1. 该游戏必须是一个没有平局的零和博弈。若某个游戏出现了平局(如抛出的硬币既没有出现正面,又没有出现反面,而是站立了起来),参与人必须决出胜负来。

2. 游戏结果是任何人预先所不知道的。若预先知道结局,那将不是一个公平的游戏。作弊的游戏也是不公平的。

3. 游戏出现的结果与行动约定是公共知识。一旦游戏结果出现,各方按照约定来行动。

4. 该游戏操作成本较低,其成本大大小于鹰鸽博弈中两败俱伤双方的损失之和。因为新游戏是为了避免两败俱伤的结果,若运行成本高,这样的游戏将没有意义。

上述的剽牛活动具有这四个特征。

然而,这不是说,参与人采取满足上述四个条件的游戏就可避免两败俱伤。无论是什么样的游戏,这样的游戏若是有效的,最重要的是双方要遵守游戏规则。例如,双方决定通过赌明天是否下雨来决定谁采取“鹰”策略、谁为了避免输的人反悔，在约定的游戏中引入“反反悔机制”——使反悔行为不发生机制。

采取“鸽”策略，但是，当明天确实下雨或不下雨，输的一方对这样的约定进行反悔，即推翻这样的约定，那将使该方法无效，并且，这样的不诚信会使其他约定也不再可能。

为了避免输的人反悔，在约定的游戏中引入“反反悔机制”——使反悔行为不发生机制。

“发誓”是常见的反反悔机制中的一环。发誓是向他人或自己表明未来的“行动态度”的活动。

发誓是一种向他人表白的言语行为。发誓者的常见言语行为对象是他人，发誓者通过向他人表达自己的“未来的行动态度”或“过去的已完成的行动”，以改变他人的信念结构。一个准共产党员或预备共产党员宣誓说，他将永远紧跟党，这便是他对共产党组织进行未来行动态度的表白；一个被冤枉的人发誓说那不是他做的，是对过去没有做某种行为的表白。

当然，一种特殊的发誓行为是，发誓者的言语对象是自然或“自我”，发誓者向自然或自我表达自己未来的行动态度。如，某个赌徒对自己发誓说，他再也不赌博了。对于这类特殊的发誓行为，我们不做考察。

发誓是相互的信任“不足”造成的：或者是他人对发誓者在未来某个场合下采取何种行动没有足够的信心，或者是他人对发誓者有信心，但发誓者对他人对他的信心没有足够的信心，或者是……因此，某个人在未来的某个场合将采取何种行动，不是双方的公共信念，发誓是必须的。若人们之间的“互信”足够即成为公共信念，任何誓言都是多余的。

“发誓”是常见的反反悔机制中的一环。发誓是相互的信任“不足”造成的。若人们之间的“互信”足够即成为公共信念,任何誓言都是多余的。

发誓往往发生于某个行动之前:发誓者在未来将做或将不做某个行动。发誓也可发生于行动发生之后:发誓者在过去做过或没有做过某个行动。

在某个约定性的游戏进行之前的发誓,表明双方对游戏规则与游戏结果的遵守;双方在游戏结束之后的发誓,表明双方对游戏结果所延伸下的行动的遵守。即:前者的重心在于游戏的行动本身,后者的重心在于游戏结束后的后续行动。

在剽牛活动中,人们对他人剽牛活动规则的遵守没有疑问,因而任何誓言都是多余的。剽牛结束后,喝诅水、盟誓、立碑等仪式,目的在于使誓言成为公共信念。拉祜族头人李保等被国民党残余力量抓去后,国民党劝他投降,李保说,我们已经剽了牛,喝了咒水,发誓跟了共产党,我不能反悔。李保被国民党残余军队活埋了。

五、构建一个反反悔的机制

发誓如其他的言语活动一样,是不费成本的空口言谈(cheep talk)。它的表达是没有成本的。若没有他人或者自我心灵的监督,那么誓言将没有约束力,反悔随时会发生。将对游戏规则的遵循建立在发誓的基础上,这样的方法是不牢靠的。人们可以不遵守游戏规则,人们同样可以不遵守誓言。

如何才能够使反悔不可能?

为了防止发生反悔，在约定的游戏中，要建立这样的机制：任何可能的反悔不能成为“公共知识”！

上文已经指出，在约定的游戏中，游戏应当设计成游戏的结果成为公共知识。但这还不够。在约定的游戏中必须包含防止反悔发生的机制。

注意这样一个现象。在某个约定下，人们将采取相应的行动，试图违反约定的人若不按照约定进行行动，其结果将使所有人蒙受灾难性的结果，这个结果也是他自己所不能接受的，试图反悔者力图使自己的反悔成为公共知识，以阻止他人按照约定的行动来行动。若反悔不能成为公共知识，包含反悔者在内的参与人将面临灾难性的结果，试图反悔者仍将遵照原来的约定。由此，我们得到反悔能够成功的条件：不遵照约定即反悔要成为公共知识。

因此，为了防止发生反悔，在约定的游戏中，要建立这样的机制：任何可能的反悔不能成为“公共知识”！

举一个例子。

假定 A、B 进行某个具体的斗鸡博弈，如某场特殊的军事战争，A、B 为两位将军，他们性格相同，或者双方的性格不是公共知识。为了防止发生两败俱伤，双方约定以某个不确定事件为准，如约定：明天早晨若下雨，A 采取“鹰”策略、B 采取“鸽”策略；不下雨 B 采取“鹰”策略，A 采取“鸽”策略。为了使约定有效，防止一方反悔，行动之前 A、B 双方切断他们间的任何信息沟通渠道，这样，第二天早晨到来之后，下雨与否将成为他们的公共知识。若下雨，按约定 A 应采取“鹰”策略，B 应采取“鸽”策略。此时，B 有可能反悔，因为这个结果不利于他，但是，他不遵守约定的想法无法转化为信息传达给 A。因此，若 B 不采取“鸽”策略，两败俱伤将发生，B 只有采取“鸽”策略而无其在这样的机制下，不是人们不想违反约定，而是违反约定将使双方均面临危险。

他办法，因为 B 预测 A 将采取“鹰”策略。同样，A 会想到 B 会这样思维，A 毅然决然地采取“鹰”策略。这样，约定的均衡得以发生。

因此，在这样的机制下，不是人们想遵守约定，而是不能不遵守约定，或者说，在这样的机制下，不是人们不想违反约定，而是违反约定将使双方均面临危险。

六、性格与重复鹰鸽博弈的均衡

在现实中，当两个参与人进行斗鸡博弈时，每个人的天生“性格”构成他的选择倾向，宁折不弯的参与人与软弱的参与人相比，前者更倾向于“鹰”的策略，后者更倾向于“鸽”策略。参与人的性格倾向性影响现实中的博弈结果。人们的这种性格倾向性是天生的，还是在现实的斗鸡博弈中逐渐形成的？这是一个有趣的问题，这里不做讨论。

我们称倾向于“鹰”策略的人为“鹰性格”，倾向于“鸽”策略的人为“鸽性格”。在一个博弈中，一个“鹰性格”和一个“鸽性格”的参与人相遇时，他们的策略选择取决于他们对他们的性格的“知道情况”。

若双方均不知道对方的性格时，双方都无法判断对方的性格。此时，任何一个可能的结果都可能出现：或都采取“鸽”策略，或都采取“鹰”策略，或其中一个采取“鹰”策略、另一个人采取“鸽”策略。但是，从概率上讲，鹰性在一个博弈中，一个“鹰性格”和一个“鸽性格”的参与人相遇时，他们的策略选择取决于他们对他们的性格的“知道情况”。

格的人采取“鹰”策略、鸽性格的人采取“鸽”策略，概率最大，因为鹰性格的人倾向于采取“鹰”策略，而鸽性格的人倾向于“鸽”策略。

若鹰性格的人知道对方的鸽性格，而鸽性格的人不知道对方的鹰性格，鹰性格的人一方面向对方表现出自己的鹰性格，另外一方面将采取“鹰”策略。尽管鸽性格的人对对方的表现存疑，但他的性格会使他倾向于采取“鸽”策略。此时，两败俱伤的局面出现的概率不高，但不一定必然不出现。

……

当两个人的性格是他们的公共知识时，鹰性格的人会估算对方仍倾向于采取“鸽”策略，“鸽”策略的人此时不一定想采取“鸽”策略，但他想到对方会估算我这次仍会采取“鸽”策略、对方将继续采取“鹰”策略，这样他不得不采取“鸽”策略。这样，当鹰性格和鸽性格的人相遇的时候，这样一个均衡将自然地实现：鹰性格的人采取“鹰”策略和鸽性格的人采取“鸽”策略。一般情况下，两败俱伤不会发生。

某个由固定的成员组成的群体，如工作单位、家庭、黑帮，成员经过长时间的互动，每个人的性格成为公共知识，这些性格决定了斗鸡博弈的均衡。黑帮成员“斗狠”是斗鸡博弈的另外版本，当谁最狠谁老大是黑帮成员的公共知识时，最狠的成员在斗狠中将采取更狠的鹰策略，与之相斗的成员甘拜下风。两败俱伤不会发生。当然，性格要成为公共知识必须在多次不同性质的博弈中才能达到。

然而，存在某人试图“改变性格”的有趣现象，在这个改变中，伴随着两败俱伤。在某个群体中,鸽性格的人与鹰性格的人相遇进行斗鸡博弈时,鸽性格的人总是吃亏,鹰性格的人总是占便宜。鸽性格的人想,为什么我总吃亏?我要改变这种现状!但是要改变现状是不容易的事情。他要改变人们对他性格的看法。为此,他要不断地表现出鹰性格以让他人认为他"本来"就是鹰性格。这种表现是在与他人的博弈中进行的:与鹰性格的人进行斗鸡博弈时他采取鹰性格,而使得双方两败俱伤,这样,他人通过对他行为的归纳,"重新认识"到他本来就是一个鹰性格的人,此时他便加入到鹰性格的俱乐部之中了。

第4章 冲突中的共存

现实当中，冲突似乎是不可避免的，因为，在许多种情况下，个人或者组织之间存在不可调和的利益纷争，某种意义上说，冲突也是解决问题的一种方式，战争即是一个典型的例子。

本章讨论这样一个问题——在冲突型的博弈中，双方仍然存在某种合作的可能：相互克制，打个平局。

为了解决这个问题，本章提出了两个新的概念：攻击力与承受极限。

攻击力强大者，其承受极限未必强大；攻击力弱小者，其承受极限未必弱小，有了这两个概念，也许我们可以重新对强大和弱小两个词进行界定，由此，在冲突型博弈中，实力不对等的双方也许可以用一种新的眼光来看待自己、看待对方、看待彼此之间的关系。

一、损害:一个新概念

在不同博弈结构下,参与人与他人可能是冲突的关系,有可能是合作的关系,但无论是冲突还是合作,参与人是围绕自己的目标来进行的。参与人能够通过行动实现自己的目标。

外部世界能够给我们带来“好处”,也能够给我们带来“损害”。经济学家用“效用”来刻画外部世界给人们带来的“好处”,并给出了博弈参与人的目标是效用最大化或期望效用最大化;经济学家没有研究或忽略了“损害”。其实,损害是生活中一个重要概念。

我们知道,效用是物品包括金钱给决策主体带来的“主观满足程度”,它是这样一个函数:自变量为“客观的量”,如金钱数,物品数量等;因变量为“主观的量”,为主体的满足程度。

效用与作为自变量的物品数量之间的函数关系不是线性比值的关系,而是边际递减的,即单位物品的效用增加值随物品数量的增加而递减①,尽管人们所获得的总效用随着物品数量的增加而增加。

---

① 若用数学语言来表达,即:效用 y 与物品数之间的关系为 $f(x)$,边际效用递减即二阶导数小于 0:$f''(x)<0$.

博弈参与人的目标在不同情形下往往有不同的形式。确实,在有些情况下,理性人的目标是“得到更多”;然而,在许多情况下,目标是“伤害最小”。

然而,效用是一个奇怪的概念,因为没有经济学家能够说得清某个物品给人们带来的效用是多少;也没有经济学家能够说得清,在什么样的情况下同样的物品给两个不同的人带来的效用相同。因此,有经济学家坚决反对物品存在可度量的效用的观点,而认为人们只能比较两个物品的效用,这就是所谓序数效用论观点。

当我们消费某个物品时,我们的享用过程是实实在在的,我们消费不同的物品时,我们的满足程度也是不一样的。用某一个度量来“统一”我们的实实在在的“感受”,是一个可贵的探索,尽管这样的探索存在许多问题。人类正是在这种探索中前行的①。

经济学家研究资源如何配置使经济人的利益最大。对于消费者,经济学家考虑的是他们获得效用的过程——效用如何随物品的增加而增加,因而他们关心的是消费者如何使得效用最大。

但是,博弈参与人的目标在不同情形下往往有不同的形式。确实,在有些情况下,理性人的目标是“得到更多”;然而,在许多情况下,目标是“伤害最小”。在某些博弈中,参与人的目标可能是“共同的”:使他人得到更多,自己才能得到更多,或者使他人损失更少,自己也损失更少。在战争这样的冲突中,参与人考虑的是如何通过最小的代价即损害(成本),而使敌人发生最大的损害(收益)。此时的“获得”便是敌人的“损害”。如在一场战斗中,我

① 比如,人们认为任何物品都有价值,货币便是物品价值的统一度量。

> 效用是人们在“得到”物品时的主观满足程度，与“得到”相反的过程是“失去”。所谓损害，是指某个物品的失去给人们带来的伤害程度，或者说效用损失值。

军“斩获”敌人多少，我军损害多少。

效用是人们在“得到”物品时的主观满足程度，与“得到”相反的过程是“失去”。我们研究人们“得到”物品的心理感受。我们当然也要研究人们“失去”物品时的心理感受。“得到”与“失去”同样重要。经济学忽视了对人们“失去”物品过程的研究。

得到物品的感受，我们用“效用”来刻画；失去物品的心理感受，我们用什么来刻画呢?

某个人拥有某个物品，他享受该物品给他带来的效用；当他失去该物品时他自然失去该效用。“得到”与“失去”同时发生于交换。在交换中，人们正是在“得到”与“失去”之间进行权衡。交换（包括购买）是用“失去”一定数量的物品作为代价以“得到”另外一个商品的活动。在生活中一般而言，人们不喜欢“失去”而喜欢“得到”。但是，在很多情况下（如零和博弈中），伴随着某人“得到”某些东西，其他人则“失去”某些东西。因此，“失去”尽管是人们不愿意发生在自己身上的现象，但它与“得到”一样，是这个社会中不能避免的现象。

当然，存在这样的可能，人们不愿意得到“坏东西”或者某些抽象的“坏东西”，如垃圾、灾祸等，人们对之的态度是弃之而后快。对于它们，参与人得到它们反而效用降低，失去反而效用提高。我们这里不探讨这类情况。

为了刻画人们失去一定数量的物品所带来的“伤害”，我们给出这样一个概念“损害”：所谓损害，是指某个物品的失去给人们带来的伤害程度，或者说效用损失值。

边际损害递增规律:单位物品的失去给消费者带来的损害随着失去物品数量的增加而增加。

有读者会说,失去某个物品,我们可以用"负效用"或效用损失来刻画。我们确实可以这么做。然而,这样的做法违反我们的直觉,理解起来也困难。

我们假定损害是可度量的,即确定数量的失去的物品给某个人带来的损害是一个确定值。因此,损害与失去的物品的数量之间的关系构成一个函数:自变量是(失去的)物品数量,因变量为损害。

对于损害,有以下几点要考虑:第一,损害是一个主观值。同一个人失去某个物品给他带来的损害大小,依赖于他当下拥有的相关物品量,因此,同一个人在不同情境下失去相同数量的某物品其损害可能不同;第二,损害是一个增函数,即对同一个人而言,他受到的损害随着物品的失去的量的增加而增加;第三,不同的人失去同样的物品,损害不必然一样。

由此可见,损害也是一个主观值,并且它满足"边际损害递增规律"。

所谓边际损害递增规律是指:单位物品的失去给消费者带来的损害随着失去物品数量的增加而增加。边际损害递增规律与边际效用递减规律是一枚硬币的两面,这两个规律都是人的心理规律的具体表现。

举一个例子:假设我拥有 3 处房产,总的效用值为 100。因某种原因,我损失掉一处房产。该房产本是我的投资所用,它的损失对我的整个生存状态影响不大,此时我的损害假若为 20,现在,我的两处房产的效用和为 80;假若我再损失掉一处房产,该处房产也是我的投资,它的损失比较大地影响到我的生活质量,尽管没有影响我的居住质量,此时我遭受到的损害比 20 要大,假定此时的损害为 30,此时,我剩下的最后一座房产的效用为 50;若我再失两害相权取其轻，两利相权取其重。损害最小化原则对应的是前者。

去这最后一座房产，我将无家可归，此时我的损害为 50，因无房产，我的效用将归 0。3 处房产的失去，我的总损害为 100。

二、两害相权取其轻

损害是由行动环境中的自然之物或他人所带来的。在某些博弈中，参与人的行动能够给他人带来可能的损害，当然他也会因他人的行动而遭受损害。在这些博弈中决策者所考虑的是如何选择行动使自己所受到的损害最小。

古语云："两害相权取其轻，两利相权取其重"。效用最大化原则对应的是后者，损害最小化原则对应的是前者。①

下棋时面临对方的攻击、不得不丢子时，我们会不犹豫地"舍卒保车"，当面临对方的"将军"，我们会"弃车保帅"；当家庭面临经济危机必须还债

① 我们用一个简单的数学模型刻画目标是损害最小化的决策。有两种"物品"（或者"行动"）A、B 可供"选择"，损害函数为 s——它是 A、B 物品的函数。约束条件假定为 $g(x,y)=c$。即，决策主体必须在 A、B 的量上进行权衡，在必须要"消耗"某个量 c 的情况下使自己损害最小。此时的决策问题为：$\mathrm{Min}\ s(x)+s(y)$，$\mathrm{s.t.}\ g(x,y)=c$。其中，$s(x)$，$s(y)$ 分别为物品 A、B 的损失量 x、y 时决策者的损害，$s(x)+s(y)$ 为总损害；$g(x,y)=c$ 为约束条件。可通过构造拉格朗日函数来求解该问题：解 (x^*,y^*) 满足：$s'(x^*)g_x'(x^*,y^*)=s'(y^*)g_y'(x^*,y^*)$。该决策的一个特例是约束函数：$x+y=c$。它的解 (x^*,y^*) 满足：$s'(x^*)=s'(y^*)$。$s'(x^*)=s'(y^*)$ 就是"边际损害相等"条件：若我们要在两个决策量之间进行权衡，以确定最小损害，那么最小损害的条件是边际损害相等。

时,我们会在拥有的各种资产上权衡,在保证还上债务的情况下,如何使自己的生活质量下降最小;在抗击自然灾害行动中以及在某项军事斗争中,指挥员考虑的是在确保完成任务的情况下,如何使战士没有伤亡或尽量使伤亡最小……这些都是使损害最小化的现实例子。

在现实中,人们自觉地应用损害最小化原则。我们来看如下两个情况及例子:

第一个情况:行动者的目标是确定的。

举例:前进中的部队遇遭到碉堡中敌人的阻击,指挥官考虑的是如何以最少伤亡作为代价炸毁碉堡,他当然派遣会爆破、并且有经验的士兵前去完成任务。

在这个例子中,将有经验的工兵派去完成任务是减少无谓牺牲的方法。部队是一个整体,减少无谓牺牲即是降低集体的整体损害。让合适的人员去完成合适的任务是最小化损害的一个有效方法。

这里,目标是最小伤亡,约束条件是:炸毁面前的碉堡。

我们来看另外一个例子。某地发生地震,地震使得道路被毁。抢险工程队需要在最短的时间里抢修道路,以让救灾物资尽快送达灾区。因施工场所的狭小以及施工机械的限制,施工中的人员不能超过一定数量。施工人员都是经验丰富、能力强的优秀员工,但他们的体力是有限的,持续施工而不休息对他们的身体造成不可弥补的伤害。为此,工程负责人便将员工分成几个小组,让他们轮流作业,施工中的员工全身心投入工作,轮换下的员工则补充体在与敌人处于敌对关系中时，行动者面临如何用确定的资源使敌人损害最大化的决策。

力。这样，在保证抢修工作的前提下，降低员工的损害。

在这个例子中，员工的能力是无差异的，工程管理人员所做的是“将损害分摊”，以使总的损害最小化。目标：减少员工损害，约束条件是：每天 24 小时都有固定的人数工作。

这两个例子中，确定的目标构成约束条件，决策者所做的是保证完成任务的前提下力图使损害最小。

第二个情况：行动者与他人处于敌对关系的博弈中，参与人的目标是使自己免于他人的损害或少受损害，并且使得他人损害最大化。

为了最小化损害，参与人考虑的是如何通过行动安排或策略使用实现这个目的。他或者是通过进攻以消耗或降低对方的攻击力，或者使对方无暇攻击，或者将注意力放在防守上，使可能的损害最小化。

在与敌人处于敌对关系中时，行动者面临如何用确定的资源使敌人损害最大化的决策。在战争中，统帅往往采用集中优势兵力打歼灭战的方法，在自己损失最小的情况下使敌人损害最大。

孙子说过：“故用兵之法，十则围之，五则攻之，倍则战之，敌则能分之，少则能逃之，不若则能避之。故小敌之坚，大敌之擒也。”简单地说，只有当我方与敌人相较兵力完全具有优势时，才采取歼灭敌人的策略；当兵力不如敌人时，应采取避让的方法。

无论是第一种情况还是第二种情况，决策者都需要对自己的资源进行配置使损害最小。

承受极限:参与人在某个环境中所能够承受的最大环境变化。在承受极限范围内,环境的变化给参与人带来的“损害”是能够承受的,若超过这个极限,这个变化给参与人造成了“巨大损害”。

三、生命不可承受之重

损害,如同效用,其主体是人或组织。对于任何一个主体,其所承受的损害都是有极限的。

损害来自于环境。自然或其他人组成主体即参与人的环境。环境的某种变化会使参与人的状态发生改变,这种改变有两个方向:第一,使参与人的状态发生恶化;第二,使参与人的状态发生改善。参与人的状态因环境的变化而恶化,参与人能够承担的最大环境变化值便是承受极限。[①] 因此,承受极限是指参与人在某个环境中所能够承受的最大环境变化。

承受极限与参与人“损害”函数的边际递增规律有关。人的损害能够随着某个环境量的增加而增加,但这种增加不是线性的。在承受极限范围内,环境的变化给参与人带来的“损害”是参与人能够承受的,若环境的变化超过这个极限,这个变化给参与人造成了“巨大损害”。

生命存在不可承受之重。一个人一天不喝水,他的身体遭受的损害是他

① 当环境的变化有利于参与人时,同样存在承受极限的问题。参与人面对出现的巨大利好也会出现不可承受的情况,如某人突然中了彩票大奖,获得巨额奖金 500 万元,他无法控制自己,神经出了问题。

承受极限取决于两个因素:参与人的客观状态和参与人的心理状态。

可以承受的,两天不喝水,他也能够承受得住,三天呢?……据研究,七天不喝水是人的生存极限。即七天不喝水是人的承受极限。当然不是所有人都能够承受得了七天不喝水,超过七天不喝水是所有人不可承受的。

这里以"人"作为例子并不表明只有人存在承受极限,组织何尝不是如此?组织同样存在承受极限。因为组织是有结构的,一旦外界的力量足够大,它的组织结构便被破坏。因此,组织也存在承受极限。

承受极限能够表示为一个数字。这个值与参与人的客观状态相关,但更重要的是这个极限值取决于参与人的心理状态。因此,承受极限取决于两个因素:

第一,承受极限取决于参与人的客观状态。如:甲、乙两人拥有的资产量不同,甲拥有100万,乙拥有10万。甲100万中有10万的股票资产,乙的10万资产全部为股票资产。此时,面对股票市场的波动,一般来说,甲的承受极限要大于乙。一般来说,承受极限的大小正比于参与人"实力存量",但不是必然的。

第二,承受极限取决于参与人的心理状态。甲、乙资产状态相同:均拥有10万的股票资产,其他资产方面也相同。面对股票市场的波动,两人表现出来的状态不一样。甲经历过股票市场的大起大落,而乙则是初涉股海。甲的承受极限大于乙的承受极限。

承受极限在参与人进行决策过程中起到重要作用,尤其是在风险较大的不确定决策中。理性的决策者是否采取某种行动,要考虑到该种行动下,各理性的决策者是否采取某种行动，要考虑到该种行动下，各种可能的结果，因此不仅要考虑最好的结果，更重要的是考虑最坏的结果。这种最坏的结果是否是自己能够承受的。

种可能的结果，因此不仅要考虑最好的结果，更重要的是考虑最坏的结果。这种最坏的结果是否是自己能够承受的。若这种结果超过承受极限，一旦发生可能使决策者陷于一败涂地甚至于万劫不复的境地。人们常说“留得青山在，不怕没柴烧”，意思是说，若没有了“青山”，那将是最糟糕的境地。

承受极限在生活中时刻在起作用，我们生活中的许多决策涉及承受极限概念。

举一个例子。某个家庭有一套房产，家庭收入微薄，若突发性的事件使该家庭的损失超过房产价值，该家庭将难以承受。假定这样的可能事件有两个：地震和疾病。若发生毁灭性的地震，该家庭将是不可承受的；若家庭成员患上大的病症，巨额医疗费用也是他们难以承受的。这两个事件不纯粹是想象中的，说不定能够成为现实：发生地震是可能的，尽管是小概率事件，因为该家庭所在的区域处于某个地震带上；患上大的疾病也是可能的，因为生老病死是自然规律，没有人能够逃脱。

为了防止发生地震而造成的损害超过承受的极限，该家庭购买了财产保险，为了预防重病的突袭，该家庭购买了医疗保险。由此可见，正是由于居民存在承受极限，保险公司才是有利可图的。

当然，环境的变化使参与人的状态恶化，恶化程度超过参与人的承受极限，此时，参与人也必须承受事实上的恶化。某股民将全部家当 10 万投进股市，当股市一路下跌，10 万元变成几千元时，损失大大超过其承受极限。该股民也得承受这个结果：极度糟糕的心理状态和生存状态。

处于竞争性状态中时，参与人的生存状态取决于两个重要因素：承受极限与攻击力。

因此，作为理性的参与人要预先估计自己的承受极限，并采取某种行动应对环境的变化，以避免损害超过这个值。因此，我们这里所说的承受极限是一个参与人预先力图避免的极限值，而不是说不必然发生的值。

参与人会努力控制环境而使环境的变化不触及自己的承受极限。但有时环境的变化不是参与人所能够控制的。古代农民要向衙门缴纳税收，但苛捐杂税太多、太重，超过农民的承受极限时，农民就会揭竿而起。

当与他人处于竞争性状态之中时，参与人面临他人的攻击，同时也可以攻击他人。因此，当处于竞争性状态中时，参与人的生存状态取决于两个重要因素：承受极限与攻击力。

攻击力是指在竞争性的博弈中参与人攻击他人的力量大小，也就是使他人发生损失或损害的力量。攻击力是参与人的武装力量，它往往正比于其拥有的“资源”。

攻击力不能直接给参与人带来利益。通过攻击力的使用参与人使他人失去攻击力，而夺取他人利益；或者为了防止他人的攻击，而保护自己的利益不受损失。

攻击作为冲突性的，往往发生于常和博弈与零和博弈之中，因为此时的利益关系是“不可调和”的。社会中的组织间的博弈能够是多种类型的，不可调和的利益纷争是常态。因此，就像自然界里再弱小的动物都有保护自己的武器一样，现实中的任何组织都必须维持足够的攻击力，在冲突性的博弈中阻止他人的攻击。

竞争者若要进入某个垄断市场，它要做的是准确判断价格战时垄断者的承受极限以及价格战给垄断者带来的损害。

四、准确判断承受极限：垄断者与竞争者的共存

强大的垄断企业为了阻止竞争者进入，往往采取价格战的方法。然而，价格战之进行是要花费成本的，垄断者和竞争者都要承受这样的成本。若垄断企业打价格战的损害在它的“承受极限”之内，那么，进行价格战对垄断企业而言短期存在损害，长期来说是有利的；但若价格战的损害超过这个“承受极限”，那么垄断企业的策略将是“接纳”竞争者，价格战不会发生，尽管此时的接纳是被迫的。

因此，竞争者若要进入某个垄断市场，它要做的是准确判断价格战时垄断者的承受极限以及价格战给垄断者带来的损害，若价格战的成本大于它的“承受极限”，那么，理性的垄断者将不会与竞争者进行冲突，竞争者可以放心大胆地进入该市场，分得该市场的蛋糕，与垄断者共存；若价格战给垄断者带来的损害在它的承受极限之内，竞争者是否进入，则需三思而后行。

若竞争者选择“进入”，便轮到垄断者出招了。价格战之进行与否，取决于价格战给垄断者带来的损害是否小于其承受极限。而进行价格战，垄断者的损害取决于竞争者的实力，竞争者实力较强，给垄断者的打击越大，其承受极限也就大；实力弱，其承受极限也小。当某个实力一定的竞争者试图进入某个垄断市场时，其承受极限决定了价格战的成本。

无论是垄断者还是竞争者，当它们进行这样的角力时，它们要做的是准确判断自己的和他人的承受极限。

这里，似乎是我们只考虑了垄断者的承受极限与其价格战成本，而没有考虑到竞争者的实力和它的承受极限。其实，竞争者在考虑是否要进入时，它必须要考虑垄断者的实力，以及若继续价格战，竞争者能否承受得起。若承受得起，它选择进入；若承受不起，理性的竞争者就应当选择"不进入"。

无论是垄断者还是竞争者，当它们进行这样的角力时，它们要做的是准确判断自己的和他人的承受极限。双方判断准确，其结果或者是双方在合作中共存，或者是竞争者止步、垄断者独享垄断市场。

若垄断者或竞争者对对方的承受极限发生误判，那么其结果，或者是竞争者"进入"而垄断者打价格战两败俱伤；或者是竞争者应当进入而未进入、垄断者应当通过价格战抵制竞争者而未打。

垄断者低估了价格战时竞争者的承受极限，或者竞争者低估了垄断者价格战的承受极限，两败俱伤的局面将会发生。而当竞争者高估了垄断者的承受极限，竞争者应当进入而未进入时，当然这种情形对垄断者是有利的；若垄断者高估了竞争者的承受极限，竞争者进入时垄断者应当阻止而未阻止，这对竞争者是有利的。

垄断者和竞争者要避免的是两败俱伤，也就是价格战的真正发生。为此，正确估算对方的承受极限是关键，当然我们假定了每个参与人能够准确估算自己的承受极限。

应当说明的是，还有一种情况，在某个市场中某个企业垄断了该行业，竞争者进入该市场，但竞争者的承受能力强，因进行价格战的成本低于其承受在冲突性的博弈中，攻击力强大的一方必定打败攻击力弱小的吗？不一定。因为，攻击力与承受极限不相等。

能力，而垄断者的承受能力小于价格战的损害。竞争者能够通过价格战的方法将垄断者驱逐出该市场。一旦出现强大的竞争者，垄断者唯一的出路是"退出"，当然其退出时可与竞争者进行讨价还价、提出让对方给予自己退出市场的补偿。

在现实中，垄断者建立有许多"市场规则"保护其垄断地位（比如"反倾销"规则）。

五、强者与弱者的重新界定

有了承受极限概念，我们可以重新看待"强大"和"弱小"这两个词的内涵。

人们通常用攻击力来刻画参与人的强弱。所谓攻击力是指博弈参与人攻击他人的能力或者说使他人遭受损失的能力。它是一个客观的量值。比如，在战争博弈中人们用装备多少和军队人数来刻画攻击力。

人们通常认为，在冲突中，拥有相对强大的攻击力的一方是强者，相对弱的攻击力的一方是弱者。然而，在冲突性的博弈中，攻击力强大的一方必定打败攻击力弱小的吗？不一定。因为，攻击力与承受极限不相等。

这是可能的：弱者拥有相对较强的承受能力，强者拥有相对较弱的承受能力。一个例子是，越战中美国人的攻击力胜过越南，然而，越南的承受能力在冲突性的博弈中，某个参与人能否“不败”取决于对方攻击力与自己的承受能力对比，而能否“获胜”取决于自己的攻击力与对方的承受能力对比。

超过美国。

毛泽东说，“一切反动派都是纸老虎”。我想，毛泽东所真正要表达的是，反动派或者其攻击力不一定是强大的，或者其攻击力可能是强大的，但我们能够承受它的攻击；而反动派的承受极限未必是强大的，我们虽然攻击力不一定强大，但我们能够打败它。因此，在与反动派的斗争中，我们能够打败反动派，而反动派打不垮我们。

在冲突性的博弈中，某个参与人能否“不败”取决于对方攻击力与自己的承受能力对比，而能否“获胜”取决于自己的攻击力与对方的承受能力对比。

孙子在《形篇》中说：“昔之善战者，先为不可胜，以待敌之可胜。不可胜在己，可胜在敌。故善战者，能为不可胜，不能使敌之必可胜。”这段话意思是说：古代善于作战的人，都要使自己立于不败之地，然后等待机会战胜敌人；而要使自己不被打败，在自己一方，能否战胜敌人，决定因素却在敌人那里。所以说：善于作战的将领，能使自己不可战胜，却不能必然打败敌人。

当攻击力强大而承受能力弱小的一方参与人与攻击力弱小但承受能力强大的另外一方参与人发生冲突时，若我们把攻击力相对强大的一方称为“强者”、攻击力相对小的一方称为“弱者”的话，在“强者”与“弱者”的冲突中，尽管“弱者”遭受强大的攻击，但若弱者所受的损害在其承受极限之内，并且弱者使强者遭受“重创”——损害超过强者的承受极限，则可以说，“弱者”获得了胜利，“强者”则失败。

攻击力强大的参与人，其承受极限未必强大；攻击力弱小的人，承受极限未必弱小。

攻击力强大的参与人，其承受极限未必强大；攻击力弱小的人，承受极限未必弱小。同时，尽管攻击力是客观的量，但它的效果要看给对方带来的损害。

那么，两方的“攻击力”和“承受极限”相权衡有多少种可能的状态呢？

我们比较两个参与人 A 和 B 之间的情况。假定 A 的攻击力为 F1，承受极限为 L1；B 的攻击力为 F2，承受极限为 L2。

与攻击力对应的是使对方遭受的损害，即损害是对方攻击力的函数。假定 A 的损害函数为 C1(F2)，B 的损害函数为 C2(F1)。一般来说，某方遭受的损害正比于对方攻击力，即被攻击方的损害正比于攻击方的攻击力。

这样，我们有如下四种强弱对比情况：

情况 1：

$$C1(F2) \leq L1$$

$$C2(F1) \leq L2$$

在情况 1 中，双方的攻击都不会使对方的损害超过承受极限，在攻击中任何一方都不能够使对方屈服。这样的对抗性的博弈能够发生，并且冲突的结果对双方均能够接受。这样的冲突之引发可能是由于其他的因素，而结果在各自的承受范围之内。当然，博弈结束后可能双方都会宣称自己是胜利者，因为自己没有遭受“失败”。

情况 2：

$$C1(F2) \geq L1$$

$$C2(F1) \leq L2$$

在情况 2 中,若发生冲突,A 是失败者,B 是胜利者。因为 B 的攻击力使 A 遭受的损害超过其承受极限,而 A 的攻击力则不能使 B 的损害超过其承受极限。在这样的情况中,尽管 A 的攻击力可能大于 B 的攻击力,它的“脆弱”与 B 的“坚强”使 A 成为失败者。若这样的结果不是双方的公共知识,他们间的对抗性博弈可能发生,或者是 A 挑起事端——他认为比 B 强大,或者是 B 引发对抗——他知道自己的坚强和对方的软弱,或者是因为其他因素,但结果是确定的:A 遭受重创,而以失败告终。当然,若这样的结果是双方的公共知识,B 将不战而屈人之兵。

情况 3:

$$C1(F2) \leq L1$$

$$C2(F1) \geq L2$$

在情况 3 中,若发生冲突,B 是失败者,A 是胜利者。分析同情况 2。若这样的结果是公共知识,A 将不战而屈人之兵。

情况 4:

$$C1(F2) \geq L1$$

$$C2(F1) \geq L2$$

在情况 4 中,双方的攻击力都能够使对方的损害超过承受极限。这样的对抗一旦发生,双方便两败俱伤。在这样的博弈中强弱之分没有意义,对抗的结果是没有胜利者。在这样的博弈中,若双方都不知道这样的对抗结果,真正的强大者是给他人带来较大损害，并且自己的承受能力大的参与人，真正的弱小者是给对方较小损害，并且自己的承受极限小的参与人。

那么两败俱伤的对抗将发生；若一方知道对抗的可能结果，另外一方不知道，知道方为了避免误解所造成的对抗，他会告知对方这个两败俱伤的对抗结局，一旦对方被告知，它便是公共知识，而若该结果是双方的公共知识，双方将不发生对抗。

情况4有重要的现实价值，当前各大国之间的军事博弈就是这种情况。而弱小的国家企图挤入核俱乐部，其目的是使自己与大国的军事博弈成为该情况。

因此，真正的强大者是给他人带来较大损害，并且自己的承受能力大的参与人，真正的弱小者是给对方较小损害，并且自己的承受极限小的参与人。

六、弱者与强者如何在对峙中共存

21世纪初的这十年时间中下场最为悲惨的政治人物是原伊拉克总统萨达姆。

萨达姆统治的伊拉克与美国叫板。美国以萨达姆拥有大规模杀伤武器为借口，于2003年3月20日发动对伊拉克的进攻，这是一场实力严重非对称的战争。战争结果是，萨达姆的军队迅速崩溃，萨达姆本人被抓，后被绞死；他的两个儿子也在战争中被打死。

因此，弱者在与强者的对峙中要保持足够的清醒，知道自己应该如何与在与强者的对峙中，弱者只要保证自己的实力足以使强者遭受的损害超过它的“承受极限”，就能够保存自己。

强者共存?

上文中我们已经表明，实力再强的战争参与人都有不可忍受的“承受极限”。在与强者的对峙中，弱者只要保证自己的实力足以使强者遭受的损害超过它的“承受极限”，就能够保存自己。因为，若强者对弱者进行攻击，尽管他能够战胜弱者使弱者遭受毁灭性的打击，但强者遭受到他不愿意看到的重大损失，强者一旦预先知道这样的结局，他将不会主动攻击弱者。因此，尽管实力相较存在强弱之分，在一定条件下，弱者与强者都不愿意战争，弱者与强者实现了共存。

弱者和强者实现共存是有条件的，这个条件是:1. 弱者拥有的实力足以使强者在可能的冲突中遭受的损害超过其“承受极限”;2. 弱者的军事实力对强者的威胁是不可消除的;3. 上述两个条件是双方的公共知识。

第一个条件可称为“最低实力”条件，在弱者与强者的对峙中它是弱者能够生存的最重要的条件。这个最低实力数取决于强者的实力大小。

第二个条件可称为“威胁的不可消除性”条件。强者若进攻弱者，弱者的军事实力对强者构成威胁，这里的威胁不是主动的威胁，而是被动的威胁，或者说是有条件的威胁。强者必定试图通过军事手段消除弱者的这个威胁。弱者与强者共存的时间取决于弱者的威胁的持久时间。若其实力被强者在快速打击中所摧毁，对强者的威胁的攻击力将不能够使强者遭受重创，共存便不再可能。强者所受到的损害往往出现在弱者遭受打击之后的“报复”行动中，因而弱者的实力是在遭受打击下的“报复能力”。因此，弱者能够与强者共存,他必须保证其军事实力或报复能力不能为强者所快速消除。

第三个条件可称为“公共知识”条件。只有当强者知道弱者的实力能够使强者遭受的损害超过其“承受极限”,并且知道这个威胁是不可消除的时候,他才不会贸然进攻;只有当弱者知道这些时,弱者才不会因对方的威胁而不战而败,并且只有弱者知道强者知道这些时,他才会设法保证军事威胁的不可消除性,从而保证长久共存……即“弱者的最低实力能够使强者遭受的损害超过其‘承受极限’”和“威胁的不可消除性”是双方的公共知识。一旦这个条件得以满足,强者便无所作为。

萨达姆的伊拉克与美国对峙满足上述条件吗?显然不能满足。伊拉克军队不足以使美国人遭受不可忍受的损害。伊拉克战争前,萨达姆对两国局势判断不清楚,或者说他自己对两国军事实力有清楚的判断,但他错误地以为美国人不知道他的军事实力,即两国的军事实力不是萨达姆与美国人之间的公共知识。在伊拉克战争中,几十万的伊拉克军队一触即溃。据报道,在伊拉克战争中,只有不到2000名美军士兵在伊拉克死亡,其中很大一部分为开枪自杀,受伤1万多人。若萨达姆的军队与美军的作战确实能够使美军死亡数字迅速上升,并且这是双方的公共知识的话,那么美军将不可能发动进攻,萨达姆也不可能有如此可悲的下场。

为了能够与强者共存,弱者要做的是:

首先,研究并准确估计强者的承受极限,以做到知彼;

其次,针对强者的承受极限,弱者发展或提高自己的军事实力,使之达到弱者和强者的位置有可能因时局的变化而发生相应的变化:弱者不再是弱小,强者不再强大。原来共存的状态也会因形势的改变而不再能够维持。

能够在与强者的可能冲突中确保使强者遭受不可承受的损害,即使强者可能的损害超过他的承受极限。一般来说,强者的可能损害超过其承受极限越多,弱者越安全。因此,弱者必须保证自己的军事实力致使强者遭受不可忍受的极限后有足够的剩余;

再次,弱者保证军事威胁不为强者所消除,即努力保证军事威胁之永久存在;

最后,弱者将自己的军事威胁以及对强者的承受极限的获知通过某种渠道让强者知道,从而让强者知难而退。弱者的方法有:或者直接告诉对方,但必须将自己的军备实力以可信的方式显示给对方;或者是用反间计,让对方的间谍准确获知自己的军事实力。若直接告知对方,对方相信弱者所说的话,公共知识(公共信念)条件得到满足;若用反间计,公共知识条件不能满足——强者不一定知道弱者已经知道强者知道弱者的实力和弱者知道强者的承受极限等,此时共存能够实现,但强者会试图采取威胁等手段而使弱者屈服。

然而,一切都在变化之中,没有一成不变的事物。强者的承受极限能够动态地提高,当然也可能降低;弱者的武力也能够随着强者军备技术的发展而被消除,当然弱者的武力也可能得到进一步的稳固。因此,弱者和强者的位置有可能因时局的变化而发生相应的变化:弱者不再是弱小,强者不再强大。原来共存的状态也会因形势的改变而不再能够维持。

目前世界各国一直在开发威力更为强大的武器,核武器已经达到了武器的极限。因其巨大的杀伤力,任何强大方在它的打击下其损害都是不可承受的。因核武器这样的特点,核大国之间的核冲突难以发生。当今无核小国,如伊朗、朝鲜[①]等,也试图拥有它,其目的不在于使用这些核武器,而在于在与强国如美国可能的冲突中使强国遭受不可承受的损害,从而阻止强国的进攻,以保证自己不被消灭,与强者共存。对于这些国家来说,能否在强国的眼皮底下建造起核武器是关键?其次,假使这些核武器一旦拥有,弱国如何保证不被强国的突然军事袭击而消除?这都是他们所要考虑的。

七、大国角力的理性

人类的许多事物是在历史中生成的,国家便是这样的事物之一。当今,国家的内涵已经明确,至少比以前明确。在法理上,国家是国际事务中的基本单位,无论大国还是小国在国际交往中一律平等,正如法律面前人人平等一样。然而,在国与国角力时,角力的结果取决于角力者的力量。当今,强国不能随意侵犯、灭亡弱国,然而,当弱国"不听话"时,强国可以改变弱国的政权,如美国对伊拉克就是如此。

实力相当的大国之间应当如何博弈呢?

① 朝鲜目前处于有核国家的边缘。

今天大国之间若发生大规模现代战争，参与者则可能都是输家。在不断开展的军备竞赛中，今天，作为整体的人类自我摧毁能力已经达到了无以复加的地步。

首先我们要理解新形势下的"胜利"和"失败"的概念。我们用"胜利"和"失败"来称呼某个参与人在对抗性博弈中的某个博弈结果。然而，它们并不总是成对出现的，并且它们往往以不同的形式出现。

在一局象棋游戏中，被将死者为"失败者"（输家），将死他人者则是"胜利者"（赢家）；两个村庄的人拿着棍棒争夺某个水源，得到水源的一方胜利了，没有得到的另外一方失败了……然而，在斗鸡博弈中，参与人得到什么样的结果是胜利？什么样的结果被称为失败？若上述两个村庄的人经过协商将水源进行分割或共享，谁是胜利者？谁是失败者？

棋是战争的模型，然而，战争并非下棋那样简单。用棋中的胜败概念来理解不断发展的战争往往会误导人们。

一局棋若没有战平，总有输家和赢家；古代的战争也可能如此。这样的战争可看成是"零和的"，有赢家便有输家，有输家也便有赢家。然而，今天大国之间若发生大规模现代战争，参与者则可能都是输家。

你发明了新的克敌制胜的武器，提高摧毁他人的能力，其实也在提高毁灭自己的能力。因此，武装自己等于武装了敌人。因为一方面他人受你发明的武器的威胁，他将加速发明新武器从而摧毁你，另外一方面，你的发明也会迅速被他人所知晓，人类的历史表明，新武器的发明者只是暂时拥有新武器。在不断开展的军备竞赛中，今天，作为整体的人类自我摧毁能力已经达到了无以复加的地步。

战争中无论是进攻者还是防守者最基本的原则是，使自己生存或更好地

> 如何防止"共败"？大国领导为了各自国家的利益进行角力，然而，博弈中各方均会保持理性，防止大规模冲突。

生存。"敌人"是妨碍我生存或妨碍我更好地生存的人或组织，或者说妨碍我生存或更好生存的人或组织就构成我的"敌人"。通过战争，胜利者生存得更好，或者至少威胁解除了；失败者则生存状态变差。若战平，尽管任何一方的生存状态都没有变得更好，但对任何一方而言至少削弱了他人的威胁。

但是，这是可能的：一场战争的结局不能使任何一方生存得更好，并且使各方的参与人的生存状态都变差。若发生这样的战争，战争各方都是输家，此时的结果可称为"共败"。

若战争结果是"共败"，这样的战争对任何一方来说，都是无意义的。若进行这样的战争之前，参与人都能够预测到这样的战争结果，参与人将不会进行这样的无意义战争；若部分参与人而不是所有人预测到这个结果，预测到这样的结果的人将告知其他人这样的结果，以避免这样的"共败"结果。

当今大国之间若发生大规模战争，其结局便是这样的"共败"。在共同走向未来的过程中，不可预知的因素以及利益的冲突会将大国推向冲突的边缘。如何防止"共败"，即在冲突中保持克制，便是大国领导人的共同任务。即，大国领导为了各自国家的利益进行角力，然而，博弈中各方均会保持理性，防止大规模冲突。

这种思考可能隐藏在大国领导人的潜意识之中。你能想象冷战时期的美苏两霸爆发全面核战争的后果吗？不能想象。无论是第一次世界大战，还是第二次世界大战，都有胜利者和失败者之分，尽管胜利者也付出惨重代价。但核武器时代大国之间的战争将是没有胜利者的战争，战争参与者都是失败所谓可接受的冲突是指结果的可接受:对战争各方,胜利是可接受的,失败也是可接受的。在这样的冲突中,参与人在冒险与克制之间寻求平衡。

者。我想在1962年发生的古巴导弹危机中,赫鲁晓夫和肯尼迪双方尽管互不相让,但其心中存在这样的共识:避免大规模冲突。

尽管大国之间均试图避免大规模冲突,但是误解是难免的,因而由于误解造成大规模冲突的概率是有的。因此,避免擦枪走火是大国共同走向未来时所需要注意的,为此,大国之间保持沟通渠道的畅通,建立"军事互信"机制对于避免误解而造成的冲突是非常必要的。

战争不可能被消除,因为存在"你""我"之分。只要有"你""我"之分,即利益存在不一致,争端或矛盾将不可避免。大国之间为了各自的利益会发生冲突。

冲突是解决问题的一种方式,当外交手段不能解决问题时,各方便寻求"不确定性的"博弈即战争来解决。在未来,大国之间的冲突以何种形式出现?我想,这种冲突将以可接受的小规模的方式进行,这种冲突是大规模的、各方都不能承受的冲突的替代。

所谓可接受的冲突是指结果的可接受:对战争各方,胜利是可接受的,失败也是可接受的。在这样的冲突中,参与人在冒险与克制之间寻求平衡。

进行这样的冲突可能是一种明确的约定,也可能是心照不宣的默契,出现分歧的各方将问题的解决交给某场规模限定的战役,愿赌服输。

在这样的冲突中参与人的行动被自己所限定,即使他面临失败。某个参与人面临失败时为什么不使用限定之外的策略呢?他若使用这样的策略,他将破坏心照不宣的约定,冲突将升级,他将招致灾难性的损害,尽管这些策略为了防止对方的进攻，参与人必须维持“足够的防护力”，这个足够的防护力便是最低防护力。

的使用将可能给对方带来灾难性的损害。如，均拥有核武器的两国在某个争端中将求助于常规武器的战争，尽管双方都能够使用核武器，但核武器的使用将使双方两败俱伤。双方均不使用核武器往往是双方不成文的约定，即无须通过交流而建立起来的。

这样的冲突将是局部对决，并且是有限战争。因此，未来大国之间的战争是局部的、有限的，而不是全面的、大范围的。

八、承受极限与最低防护力

当一个组织试图攻击另外一个组织时，他要考虑对方的阻抗给他带来多大的损害，若损害大于其所得，理性的决策者是不会做出进攻的决策的，然而，有些时候，决策者进行决策时他决策的目标是消灭对方，而不是进行经济利益计算，那么什么因素决定他的决策呢？仍然是对方的阻抗。

若对方的阻抗使他在进攻中遭受的损害是他不可承受的，即超过他的承受极限，那么他是不会做出进攻的决策的，尽管他很想消灭对方。

为了防止对方的进攻，参与人必须维持“足够的防护力”，这个足够的防护力便是最低防护力。若存在两个参与人，当一个作为参与人的组织有足够的防护力的时候，对方的多余战斗力也是无用的，他会削减他的武力。当然，他也要维持足够的防护力。这样，双方的最低防护力之和构成维持博弈格局的最低成本。

若参与人不止两个,任何一个参与人的最低防护力的构建必须考虑到他人可能的联盟对自己构成的威胁,其最低防护力必须要达到能够使对他构成威胁的联盟者遭受损害超过可承受的极限。所有参与人维持最低防护力所需要的成本为群体的最低成本。

这个最低成本在动态变化着。

今天,防护演变成威慑,各个国家最有效的防护手段便是拥有具备极大威慑力的武器:核弹。

1945 年美国对日本使用了两颗原子弹,战争结束了,但战争思维深深影响着各国的领导者们。军备决定战争的成败,因而决定国家的存亡。这是不争的事实。文明不代表必定胜利,历史上野蛮战胜文明屡见不鲜,因为决定胜败的往往不是文明程度而是军备强弱。

人类的理性是天使也是魔鬼:作为天使,它使我们发明了医药、计算机、汽车……作为魔鬼,它使我们发明了核武器、生化武器……核武器一经问世,它的巨大杀伤力刺激了各国政府,二战结束后,各国进入了核武器的快速研制过程之中。以美国为首的和以苏联为首的两大阵营的对立,加速了世界进入核武器时代。

目前得到国际社会认可的有核国家是美国、俄罗斯、英国、法国和中国,五国的核地位是在特定历史条件下形成的。

冷战刚结束,白俄罗斯、乌克兰、哈萨克斯坦、南非等一批国家都主动放所谓最小威慑力是指,若一方遭受他人进攻,他所具有的报复能力能够使攻击者遭受的损害超过其承受极限。

弃现有核武器及核武器发展计划,成为无核国家。

另一些没有核武器的国家则千方百计谋求核武器,成为“核门槛”国家。印度、巴基斯坦进行了核爆炸试验。以色列和日本虽未公开进行核爆试验,但以色列是公认的具有核武器的国家,而日本则完全具备生产核武器的技术条件。

核武器的毁伤能力在大规模杀伤性武器中居于首位。美国扔向广岛的原子弹,2 万吨当量,造成了 30 多万人员伤亡。据研究,300 万吨当量的核弹可使 1000 万人口大城市的地面建筑一扫而光。正是核武器的这种毁灭性威力,使国际社会对核武器及其技术和材料的扩散始终给予严重关切。

冷战期间美苏两霸进行的军备竞赛使得两国拥有过多的核武器。一旦核战争爆发,双方均被毁灭,并且“城门失火,殃及池鱼”。现有核武器作为攻击他人的武器存在过剩,既然如此,保留过多的核武器就是没有必要的。冷战结束后,美国和苏联(俄罗斯)开始协商,核武器得到逐步削减。

军备的存在有两方面的作用:进攻他人和保卫自己。任何国家要维持其存在,要拥有一定的威慑力。所谓最小威慑力是指,若一方遭受他人进攻,他所具有的报复能力能够使攻击者遭受的损害超过其承受极限。

那么,保留多少核武器才是合适的规模?核武器的作用在哪里?核武器的作用在于毁灭“敌人”?“敌人”与你同样是人类中的一员,并且,敌人不是天然的,不像猫之于老鼠。某个国家构成你的敌人是因为某个历史阶段的偶然因素,一个时期某国是你的敌人,在另一个时期可能是你的朋友。某个国核武器的作用不应在于“毁灭”，而应在于“威慑”，并且要使这种威慑“不可消除”。

家是你的敌人，你用核武器来毁灭该国，你从中得到的利益是什么？不知道。既然主动毁灭敌人没有好处，发展能够毁灭一个国家的核武器是没有理由的。

那么，核武器的唯一用处就在于保护自己：当敌人用威力强大的武器攻击我们时，用核武器予以还击！既然如此，核武器的数量应当是以能够保护自己为标准——保护自己免受他人的毁灭性的打击，而不是以毁灭他人为标准。一旦他人对我进行毁灭性的打击，我将能够用核武器进行“有效还击”。所谓有效还击是指，让对方出现无可承受的损害，即让对方的损害超过其“承受极限”。若一国有这样的核能力，敌人将不会对该国发动毁灭性的打击。核武器的作用便起到了。因此，核武器的作用在于“威慑”，并且要使这种威慑“不可消除”。

谢林认为，核武器的真正作用在于威慑而非应用。他认为，一个国家或一个集团若要加强自己的地位，加强自己的报复能力比加强自己抵抗敌方的能力更有用。这就是“核威慑”思想：核武器的作用不在于抵抗他人的进攻，当然也不在于进攻他人，而在于当受到他人的进攻后能够对他人进行有力的、毁灭性的报复。同时，谢林认为，不可预测或不确定的报复比可测的报复更有效。毛主席曾说过“人不犯我，我不犯人；人若犯我，我必犯人”，但若我没有犯人的能力，他人犯我的话，我无法做到“必犯人”。因此，谢林的这个观点似乎是毛主席观点的深化。

根据谢林的观点，核武器的作用在于威慑：用发动核攻击的威胁来阻止敌人的实际的核攻击;而核恫吓则指的是,用发动核战争的威胁来阻止敌人的某些行为。谢林的核威慑的思想完全不同于当时美国著名的兰德公司的研究人员的思路。当时,兰德公司专心于研究如何以“可接受的”损失(如以某个城市被敌人的核攻击毁灭做代价)获胜。而谢林认为,任何核攻击都不可思议,都会带来世界末日。他认为,核武器是有威力的,但其威力不在于它们的使用,而在于使用它们的威慑作用,或者说核武器的威力来自于它们的存在本身。

一个国家只要保证核武库中的核力量能够使敌人产生不可承受的损害,这样的核武器的数量就足够了。美国、俄罗斯的核武器在削减也是这个道理。

九、从攻击到防卫

任何国家都有保护自己人民生命的权利,因而有发展武器的权利,若核武器是保护自己国民的必备武器的话,每个国家都应当有这样的权利。

这不仅仅指每个国家有权利发展武器保卫人民,而且指,每个国家有权利发展武器使自己的人民的生命不受威胁,因为处于被威胁状态的生命是恐惧的、痛苦的。

任何人都没有毁灭他人生命的权利,因而杀害他人或侵略并杀害他国人民是非正义的。然而,武器的防卫功能和攻击功能是不能分开的,或者说,许多武器正是通过攻击或可能的攻击而防卫的,有进攻性的武器对他人构成威胁,他人才不进攻你,因为:你若进攻我,我同样进攻你。因此,许多国家,发展进攻性武器的目的在于遏制他人进攻自己。

任何国家在发展攻击性的武器时,面临这样一个道义冲突:保护自己是正义的,攻击他人是非正义的。通过说我的目的不是攻击他人,而是遏制他人的进攻,这个冲突或可轻松化解。然而,当每个国家都通过发动可能的致命攻击而防守的话,世界便处于不安全之中。因为,每个国家在这样的指导思想下,为了自身的所谓安全而发展对他国能够进行快速和毁灭性的打击的武器,此时,一有风吹草动,世界便处于紧张状态,而一旦有一国不慎或对他国发生误解,毁灭性的战争便开始了。

若能够将武器的“防卫”和“攻击”功能完全分开、发展完全防卫性的设施岂不很好?即发展“盾”,而不发展“矛”。“矛”是攻击用的,它是武器;而“盾”是防卫用的,我们不能说它是武器。我们在开发“矛”,也在开发“盾”。在古代,战车、火炮等是“矛”,城墙、护城河等便是“盾”。现在,导弹、核弹等是“矛”,对于这样的“矛”,城墙、护城河便不能起到“盾”的作用,于是,人们发明了新型的防卫工具如雷达、拦截型导弹等,它们是现代的“盾”。

世界万物都有缺陷,因而,任何一个事物都有使之消灭、成为他物的力量,或者说,任何事物都有“否定”他的力量。我们经常说“万物都有克星”,也就是这个道理。

越简单的事物往往越坚固,复杂的东西则容易被毁灭。我们有方法使一个钉子不成为其自身,如放入熔炉之中使之融化,或者将之放在铁砧上用铁锤敲打使它变形,但这些方法是有限的,并且也不容易实施;而我们要使一个毛毛虫死亡的方法则太多太容易了,我想,我们随时都能够想出几十种可操作的方法。之所以毛毛虫容易死亡,是因为它的结构复杂。我们的生命也是如此,帕斯卡说:生命是一根脆弱的芦苇。

人造物也是如此。你能够想象出一个不能被毁坏的人造物吗?当然不能,因为本来就没有这样的东西。我们能够创造它,我们就能够毁灭它。有人通过质问"上帝不能造出一个他自己不能举起的石头"来攻击上帝的万能;我说,正因为人类能力的有限,任何人都不能造出不能被毁灭的东西。[①]

武器是人工物。人们开发武器是为了毁灭他人,一旦这样的武器制造出来,人们便开发毁灭这些武器的武器。

不存在一个"盾",任何"矛"都不能攻克它。当你拥有某种坚固的你认为不可破的"盾"时,他人便开发攻击该"盾"的锋利的"矛"。也不存在一个"矛",我们不能开发出防卫它的"盾"。于是,人们为了对付"矛",开发坚固的"盾",为了攻击这个坚固的"盾",人们便开发更加锋利的"矛"……

国家间可以形成这样一个"协议":只开发防卫设施,而不开发攻击性武

① 上帝也面临这样的二难:上帝能造出一个他自己也不能毁灭的东西吗?若能,他便是万能的;若不能,他也不是万能的。

通过协议，只发展防卫设施，限制甚至取消发展攻击性武器，削减已有的攻击性武器，这不失一个使世界安全的方法。

器。这样的协议对各国人民有利，因为世界会更安全。此时，各个国家成为"乌龟"，而不是"马蜂"。但是，成为乌龟并不能够使自己绝对安全，因为技术的进步总能够使乌龟的盔甲有被刺穿的一天。具备盔甲永远处于被动的位置，每个国家都会偷偷发展刺穿龟甲的武器。

因此，这样的协定面临不执行的困境，或者说，即使每个国家都达成协议，每个国家都会违反这个协议。因为，发展攻击性武器是"占优策略"，无论他国是否开发这样的武器，国防是涉及一个国家生死存亡的秘密，对协议的违反是难以被监察到的。

但是通过协议，只发展防卫设施，限制甚至取消发展攻击性武器，削减已有的攻击性武器，这不失一个使世界安全的方法。尽管这样的协议可能被违反而效果有限，但是，它毕竟是一个方法。

第5章 避免消耗的战争型博弈

战争是一种典型的冲突型博弈,而它的起因,往往是人类为了争夺有限的资源,因此,战争之于人类,始终是一种挥之不去的威胁。

如果我们到今天还不能彻底消除战争的根源,我们能不能换个思路:尽量最大化地避免战争的风险。

某种意义上说,战争就是两个或多个赌徒的博弈,因为结果的不确定性,而下注的每一方都相信自己的实力和运气,也自认为了解对方的实力,因此,就有了那无数场用士兵的鲜血和生命来验证统帅观点的战争。可以说,战争其实是进行战争的双方或多方认知不一致的产物:双方均认为自己能够赢得战争。

濒临战争边缘的双方或多方有无合作的可能——共同努力,通过消除认知的分歧而使战争消解于无形?

对于一个国家来说，军备有两个方面的作用：第一，防止他人对其生存资源的掠夺，第二，进攻他人以掠夺他人的资源。

一、发展军备是占优策略

战争贯穿于人类社会发展的始终，它是群体间所发生的冲突。战争给人民带来苦难，但关心人类疾苦的思想家们除了呼吁不应当战争外，无法给出使人类摆脱战争的良方。之所以战争难以避免，一方面是由于人的本性使然：保护自己是人类的天性，好斗也是人类的天性；另外一方面是由于"逻辑"使然：发展军备是占优策略。

战争是多个组织的武力碰撞。当多个组织中的某个组织看到可通过武力抢夺其他组织的财物的时候，这个组织便开始发展武力，进而进行抢夺；当其他组织感觉到威胁来临时，他们除了发展武力外，别无选择。武力的作用大体有两个：防止他人的进攻，进攻他人。

任何人群的生存是基于某些资源的基础之上的，对于一个人群而言，保护已有资源并争夺本不属于自己的资源，对该人群的生存与发展是至关重要的。国家不仅仅是一个人群组织，它还包括这个人群组织所赖以生存的环境，这个环境构成该人群生存的资源。这些资源构成人群的共同利益。因此，对于一个国家来说，军备有两个方面的作用：第一，防止他人对其生存资源的掠夺，第二，进攻他人以掠夺他人的资源。

因资源的有限性，若生产"大炮"，就不能生产足够的"黄油"，即人们将在一个博弈的非均衡状态，参与人若可能的话，总是试图通过改变自己的行动而增加自己的收益。

资源放在发展军备上，受损的是人民的生活。你会说，最好的选择是，谁都不制造"大炮"——发展军备。但是，这是不可能的事情。历史验证了这点。

人们会说，人们是有道德感的，这个道德感会约束一个国家，使它不会抢夺他国的资源，正如道德感使我们不会抢夺他人的财务一样。我要说的是，道德是某个组织内的成员在长期博弈中形成的，尽管在心中我们会认为，它是普遍的，但是它只在某个被称为"我们"的人群中才有约束力；当涉及不同人群的利益时，即存在"我们"与"他们"之分时，群体的利益感压倒了道德感。当然，不同的人群集合体在长期博弈中能够形成一个更大的"我们"，此时道德感便能够起到约束行动的作用了。

二、战争型博弈的利益冲突度分析

博弈中参与人的收益是相互关联的，这种关联可能是冲突的，也可能是互利的。在不同博弈中以及在同一博弈的不同状态下，参与人之间的这种关联往往不同。

对于一个博弈，所谓均衡是这样一个状态：参与人不能通过单独行动而使自己的收益增加。然而，在非均衡状态呢？

在一个博弈的非均衡状态，参与人若可能的话，总是试图通过改变自己的行动而增加自己的收益。

我们这样定义利益冲突性博弈的“利益冲突程度”:某个参与人通过改变策略增加1个单位的收益而使其他参与人降低的收益之和。

在某个非均衡状态下若某个参与人在其他参与人行动不变的情况下,最大化自己的收益的行动改变,总要使其他参与人的收益降低,我们称这样的博弈为“冲突性的”。若在一个博弈中每个参与人在所有状态下最大化自己的收益的行动都会使其他人的收益降低,这样的博弈是“严格冲突性的”。

相反的博弈可称为“利他性博弈”:某个参与人通过行动改变使自己的利益增加也使其他人的收益增加。若所有人在任何状态下增加自己利益的同时将使其他人的收益增加,这样的博弈为“互利博弈”。当然,存在介于两者之间的博弈,一方的收益降低将使其他人的收益增加。如“拔一毛而利天下,不为也”便指的是这种情况。

零和博弈(如赌博)与常和博弈(如分蛋糕)均是严格冲突的:在任何阶段任何的收益提高都会使他人收益降低。

冲突性博弈存在程度之分。我们这样定义利益冲突性博弈的“利益冲突程度”:某个参与人通过改变策略增加 1 个单位的收益而使其他参与人降低利他性博弈：参与人通过行动改变使自己的利益增加也使其他人的收益增加。

的收益之和。利益冲突度简称冲突度。①

在不同博弈中，冲突度往往是不一样的；在博弈的不同阶段冲突度也是不一样的。例如在下面的囚徒困境，均不合作的状态为均衡状态，在另外三点处的情况分别为：

在双方均合作的(2,2)处，甲对于乙、乙对于甲的冲突度均为2。因为在一方不改变的情况下，另外一方改变的收益增加了2，但不改变策略的一方的收益减少了2。

在甲合作，乙不合作的(0,4)处，甲有改进的可能，而乙没有改进的可能，此时甲对于乙的冲突度为3。

同样，在甲不合作，乙合作的(4,0)处，甲没有改进的可能，此时乙对于甲的冲突度为3。

---

① 这里本书给出一个严格的冲突度定义。设一个博弈只有两个参与人A和B，其收益函数分别为：u1(x,y)，u2(x,y)，在“非均衡”点(x_0,y_0)处，B对A的冲突度$\alpha=-\frac{\Delta u1(x_0,y_0)}{\Delta u2(x_0,y_0)}$；A对B的冲突度$\beta=-\frac{\Delta u2(x_0,y_0)}{\Delta u1(x_0,y_0)}$。若收益函数u1(x,y)、u2(x,y)在$(x_0,y_0)$可微，由于$\alpha=-\frac{\Delta u1/\Delta y}{\Delta u2/\Delta y}$，$\beta=-\frac{\Delta u1/\Delta x}{\Delta u1/\Delta x}$，取极限得到：$\alpha=-\frac{u1'_y(x_0,y_0)}{u2'_y(x_0,y_0)}$，$\beta=-\frac{u2'_x(x_0,y_0)}{u1'_x(x_0,y_0)}$。

常和博弈和零和博弈不是冲突程度最高的博弈。冲突程度最高的博弈是这样的：一方收益的增加值将使另外的博弈参与人的收益降低值为无穷大。

甲

		合作	不合作
乙	合作	(2,2)	(0,4)
	不合作	(4,0)	(1,1)

该囚徒困境博弈为严格冲突性的博弈。

若在任何点上的冲突度均为0，该博弈是特殊类型的博弈。若发生这样的情况，参与人的利益不再相互影响，此时的博弈退化了，而不再是一个严格的博弈。

我们看到，常和博弈和零和博弈是冲突程度为1的博弈：一个参与人的收益增加值是其他人所降低的。

常和博弈和零和博弈不是冲突程度最高的博弈。冲突程度最高的博弈是这样的：一方收益的增加值将使另外的博弈参与人的收益降低值为无穷大。如：围棋中的打一方的“生死劫”：对于一方，赢得这个打劫，只是多获得一个子的收益增加，而对于另外一方而言，若对方赢得这个子，自己将输掉整盘棋。

若将这个定义用于“联盟博弈”，联盟博弈的“冲突度”小于0。而在联盟博弈中，任何一个参与人的行动都是对其他人的收益有所增加的，因此，联盟博弈的“合作度”大于0。

战争这样的博弈的冲突程度为多大呢？

从战争参与各方的总体收益看,“不战”要好于“战”。这是战争型博弈的特点。

战争是发生于两个或两个以上群体间的冲突性行为。其特点是,任何战争都伴随消耗:物资的、劳力的和人员的。从战争参与各方的总体收益看,“不战”要好于“战”。这是战争型博弈的特点。

零和博弈是指,博弈参与人在各种可能状态下的收益之和为常数0。常和博弈的特点是,在参与人不同行动组合下参与人的结果之和为一个常数,若这个常数为0,这样的博弈即为零和博弈。零和博弈为常和博弈的特例。如果不考虑时间消耗以及娱乐因素,赌博便是零和博弈:赌博对整个赌博参与人来说,总的收益为0。那么战争呢?

假定战争是利益(资源)之争,那么有两种类型的战争:一种是,各方为了瓜分某个额外利益而进行的冲突行为;第二种是对已经形成的利益分割进行重新分割。前者指出的是,资源(或利益)的归属权没有确定的情况下各方发生的冲突;后者指的是,资源的归属权有明确界定,但他人提出“争议”并通过武力使该资源的归属权发生改变而发生的冲突。若战争中各方没有消耗,前者便是常和博弈;后者则是零和博弈。但实际上,一旦发生战争,战争各方都是有消耗的,这样战争既非零和的也非常和的。我们可看到,第一种战争的特点是,双方争夺的资源数额是一个常数,而第二种战争的特点则是,通过战争没有额外收益,我们将第一种战争即资源瓜分型战争称为“类常和博弈”,第二种战争称为“类零和博弈”。

第一种战争类似于投资这样的经济活动:消耗构成参与战争的参与人的成本,战争结束后,战争结果构成参与人的收益。第二种战争,尽管在战争中从整个参与人组成的群体来看，任何类型的战争都是非理性的。而从任何一个战争参与人来看，除非不得已或者除非必定赢得战争，不要轻易进行战争。这也是孙子所倡导的“慎战”思想。

可能有赢家，战争后参与人的收益之和必定小于战争之前他们拥有的收益之和。但无论是哪种战争，战争都是非理性的，因为不发生战争，双方的收益之和均大于发生战争的收益之和。

因此，战争博弈是冲突程度大于1。而具体的冲突程度取决于双方的装备程度。

从整个参与人组成的群体来看，任何类型的战争都是非理性的。而从任何一个战争参与人来看，除非不得已或者除非必定赢得战争，不要轻易进行战争。这也是孙子所倡导的“慎战”思想。孙子说：“凡用兵之法，驰车千驷，革车千乘，带甲十万，千里馈粮。则内外之费，宾客之用，胶漆之材，车甲之奉，日费千金，然后十万之师举矣。”（《孙子兵法·作战篇》）

即使进行战争，孙子也认为要“不战而屈人之兵”，他说：“是故百战百胜，非善之善也；不战而屈人之兵，善之善者也。故上兵伐谋，其次伐交，其次伐兵，其下攻城。……故善用兵者，屈人之兵而非战也，拔人之城而非攻也，毁人之国而非久也，必以全争于天下，故兵不顿而利可全，此谋攻之法也。”（《孙子兵法·谋攻篇》）

尽管战争是非理性的，人类不能消灭战争，原因是多方面的，其中一个重要的原因在于，在人类社会中不存在一个垄断武力的超级组织。若有这样的组织存在，在这样的组织之下，弱小的组织便不能通过战争获得利益，弱小组织之间的战争便不能发生。建立这样的超级组织能够避免战争，但这样的组织难免对所辖的弱小组织及其成员进行利益冒犯。

这样的组织便是世界政府。

三、认识的不一致造成的冲突

认识不一致是常态。

战争的成败取决于多个因素,孙子认为,决定战争的成败有五个方面,预先从这五个方面进行分析,就能够预知战争的胜负了。孙子说,用兵是国家大事,不可以不细致考察,那么从哪些方面进行考察呢?孙子说:“故经之以五事,校之以计,而索其情:一曰道,二曰天,三曰地,四曰将,五曰法。”孙子认为从这五个方面考察就能预先知道战争的胜负了:“主孰有道?将孰有能?天地孰得?法令孰行?兵众孰强?士卒孰练?赏罚孰明?吾以此知胜负矣。”

若在“道”“天”“地”“将”“法”五个方面,一方都比另外一方占优势,那么,我们可以说,前者必定获得胜利。其实,孙子所考察的是“综合对比”,这个综合对比取决于五个变量的对比。

若其中一方在其中一些方面占据优势,而另外一方在剩下的方面占据优势。如何预先判断胜负呢?孙子没有告诉我们。如:若A在这五个方面均比B要强,那么毫无疑问,他将战胜B(表5-1);而若A在其中一些方面比如“道”、“将”、“法”三个方面占优势,在另外两个方面“天”和“地”不如B,哪个胜呢(表5-2)? 我们不能预先知道。在表5-1、5-2中,“+”表示“具有优势”,“-”表示“不具有优势”。

表5-1 A战胜B

	道	天	地	将	法
A	+	+	+	+	+
B	-	-	-	-	-

表5-2 A战胜B?

	道	天	地	将	法
A	+	-	-	+	+
B	-	+	+	-	-

其实,这是一个“综合评判”的问题。假定战争参与人只有两个,A、B,决定战争成败的因素为n个。A与B相比较,在n个方面,A均胜过B,那么,A必定战胜B。若其中一方在某些方面占优势,另外一方在剩下的方面占优势,此时需要一个公式来进行“综合评判”。①

某一方获得胜利不仅取决于它占优势的方面的多少,占优势的程度,而

① 这样的公式应当是这样的形式:参与人A与B的“综合对比”值:$\Phi(A,B)=\sum_{i=1}^{n}w_i x_i$。其中,$x_i$为在i个方面A与B相比较的优势值:正值表示有优势,为0表示势均力敌,负值表示处于劣势。w_i表示第i个方面的权重——重要程度。

且取决于它所占优势的方面的“权重”。若我们能够“找到”这样一个公式，那么我们能够将双方的实际数据代入到这个公式之中，结果将一目了然。然而，这样的公式不容易找到，即使有人给出这样的公式，也不会为所有人所认同。

在现实中，人们对双方在决定战争胜负的因素方面的对比的“看法”往往不同，比如在“道”方面双方都真诚地认为自己一方处于优势、对方处于劣势。实际上这当然是不可能的，但人们确实有这样不一致的认识。这样，即将开始的战争，谁胜谁负，双方的看法是不同的。

即使双方对双方的优劣方面有相同的认识，但不同的人对决定胜负因素的权重的看法可能不同，双方对战争的结果的看法也可能不同。

因此，从战争结果来说，战争之后战争各方的总收益是减少的。但是，在战争之前，存在这样的情况，战争各方都认为，自己能够通过战争获得好处。这不是说所有战争都是这种情况，而是说，存在这样的情况：战争各方都认为自己能够打赢这场战争。

四、共赢的打赌?

为了说明认知的不一致能够造成冲突，我们以打赌为例来分析。

打赌作为博弈，它涉及两个或两个以上的参与人。打赌的一个特点是：

打赌(包括赌博)是零和博弈。打赌参与人的总收益不可能增加也不可能减少,而只能是常数0。因而是“不理性”的行为,或者至少说,是没有经济意义的。

所有打赌都涉及不确定性事件。这个不确定性事件可以是简单的事件,也可以是多个事件的复合。打赌参与人均面对这个不确定性事件。

打赌(包括赌博)是零和博弈。尽管打赌过程中有人赢,但总的来说,通过打赌参与人的总收益不可能增加也不可能减少,而只能是常数0。某人或某些人赢的钱必定是另外的人所输的。因此,打赌是不产生经济效益的,因而是“不理性”的行为,或者至少说,是没有经济意义的。

一般而言,一个打赌能够进行是因为,每一个参与人都认为打赌对自己有利。对于理性的打赌者,打赌能够进行是不同的参与人对某个不确定性事件的认知存在不同。

对于任意两个好打赌的人,任何一个不确定性事件都能够成为他们之间的一个打赌,因为不同的人对于某个不确定性事件的认识往往不一致。一般地,对某个不确定性事件,只要参与人的观点不一致,那么就存在一个每个人都认为对自己有利的打赌。

假定有两个人A、B,对于某个事件E打赌——这个不确定性事件可以是经济事件如明天股票指数、石油价格,也可以是政治事件如某个候选人是否将当上总统,当然也可以是人工随机事件如掷骰子、打麻将,A认为E发生的概率为$p_a(E)=p$,B认为该事件发生的概率为$p_b(E)=q$,$p\neq q$。这里,假定$p>q$。

因A、B认为该事件发生的概率不相等,即他们的认识不一致,他们能够就该事件是否发生进行打赌。因为A认为该事件发生的概率比B认为的要大，这样 A 可以与 B 进行这样的打赌：A 赌该事件发生，B 赌该事件不发生。

读者会有这样的疑问：生活中打赌之发生是因为不同的人对某个不确定性事件的认识存在较大的差异，对于某个事件，尽管 A 比 B 认为该事件更可能发生，但是若他们都认为该事件不太可能发生，为什么 A 会赌它发生？或者若他们都认为该事件很可能发生，为什么 B 会赌它不发生？

关键是赌注配置。我们现在来分析赌注配置如何使得打赌能够发生。

假使他们的赌注配置是，A 下注 a，B 下注 b。即若该事件发生，A 赢 B，A 得到 B 的赌注 b；若该事件不发生，B 赢 A，B 得到了 A 的赌注 a。

对于 A，期望收益为 EU_a：

$$EU_a = pb - (1 - p)a \tag{5-1}$$

期望收益大于零的打赌是有利的打赌。令 $EU_a > 0$：

$$pb - (1 - p)a > 0$$

$$b/a > (1 - p)/p \tag{5-2}$$

对于 B，期望收益 EU_b 为：

$$EU_b = (1 - q)a - qb$$

令 $EU_b > 0$：

$$(1 - q)a - qb > 0$$

$$b/a < (1 - q)/q \tag{5-3}$$

(5-2)(5-3)分别为 A、B 有利的赌注配置条件。

由于 $p > q$，$1 - p < 1 - q$，我们有：

$$(1-p)/p<(1-q)/q$$

因此,至少存在一组赌注配置 a^*, b^*,它们满足:

$$\frac{1-p}{p}<\frac{b^*}{a^*}<\frac{1-q}{q} \tag{5-4}$$

即,这样的赌注配置下,A 和 B 均认为,该打赌对自己是有利的。

举一个例子。

A、B 均认为明天石油价格上升到每桶 70 美元的可能性不大,但是他们的看法存在"差异"。

假定 A 认为"明天国际石油价格上升到每桶 70 美元"的事件发生的概率为 $p=0.3$,B 认为该事件发生的概率为 $q=0.2$。A 赌该事件发生,B 赌该事件不发生。

假使 A 下注为 100 元,在 A 看来,若 B 的赌注超过 $100\times(1-0.3)/0.3=700/3$ 元,A 就是有利的;而对于 B,在他看来,若他的赌注"小于" $100\times(1-0.2)/0.2=400$ 元,B 就是有利的。比如,B 的赌注为 300 元,A、B 均认为这样的打赌对自己有利!

观点的不一致使得双方均认为该打赌对自己有利。

然而,打赌不会促进双方利益的提高,打赌是零和博弈。结果只能够是,或者 A 输 B 赢,或者 B 输 A 赢。

许多战争也是如此。

战争是一系列不确定性事件所组成的。不确定性是战争的本质。对可能的战争的胜败存在不同的认识。正是双方对即将发生的战争的不同认识导致了战争。

五、避免不一致产生的战争

如同上述零和打赌中双方都认为自己能够获得胜利一样,战争双方或多方都认为自己能够获得战争的胜利。

战争是残酷的,人类梦想没有战争,但战争伴随着人类历史,人类的历史是一部战争史。从结果来说,战争是非理性的,而从战争过程来说,战争的参与人则是理性的。战争是明显的理性人所做的非理性活动。

尽管实力是获得战争胜利的最重要的因素,战争之胜败取决于多方面,因此,战争中充满不确定性。

在历史长河中不乏这样的案例:某个微小因素导致战争天平的倾斜,使“本来”胜利的一方失败了,而这个微小因素是战争之初不可预测的。

战争是一系列不确定性事件所组成的。不确定性是战争的本质,也是战争的魅力所在。对可能的战争的胜败存在不同的认识。正是双方对即将发生的战争的不同认识导致了战争。

伊拉克战争前,美国人与萨达姆对战争的看法存在分歧,美国认为他们能够战胜萨达姆,并且在零伤亡的情况下战胜萨达姆;而萨达姆认为自己的部队尽管不敌美国人,但是他的抗击能够使美国人遭受“重大损害”。正是这样的分歧导致了双方的战争。

战争是一个从意见分歧开始到意见一致而结束的过程。这是一个用士兵的生命来验证军队统帅的观点的过程。

时间将战争的结果告诉了美国人和萨达姆:美国人对了,萨达姆错了。若萨达姆能够预知即将开始的美国与伊拉克战争的结局,那么他就不可能进行战争。他向美国“服软”,结果远比现在的结果要好。

若一场战争在开始之前战争的双方就知道结局,并且该结局是双方的公共知识,那么该场战争是不可能打起来的。因为,若战争结局存在胜利者,失败者将不会进行这场战争,因为他不愿意接受这个结局,投降或不战将好于这个结果;若不存在胜利者,谁也不愿意进行这场两败俱伤的战争。

从这个意义上说,战争是一个从意见分歧开始到意见一致而结束的过程。这是一个用士兵的生命来验证军队统帅的观点的过程。

因此,这样的战争实际上是认知不一致的产物:双方均认为自己能够赢得战争。不同主体拥有的知识往往不同。相关的知识决定了博弈主体的策略选择。

人们之间能够就某个不确定性事件进行打赌,因不确定性打赌才能进行。若我们假定神是全知的,那么我们难以想象两个神之间能够进行打赌,因为在全知的神那里,一切都是确定的。

在全知的神那里,任何形式的打赌都不会发生。战争是一种打赌。古希腊神话中的神和中国神话中的神都不是全知的,这些神之间经常发生战争。

如果神与人进行打赌,人不可能赢得了神,并且,若人知道对方是神,那么人便主动认输。

两个人进行掷硬币游戏:一人猜测落下的硬币将是“正面”朝上;另外一

对于那些由分歧所引起的战争，若能够预先通过消除分歧而使战争化于无形，那不是更好？要消除“分歧”，实现一致性的认识，方法便是：“充分交流和论辩”。

个人将猜测“反面”向上。这样的游戏之所以能够进行下去，因为他们是同等认知水平的“人”，对硬币落下出现正面或反面所配置的概率为1/2。并且，这样的打赌被认为是公平的：双方的位置可以互换。

投掷硬币的游戏中，一方所赌的是“硬币出现正面”的事件将发生，另外一方赌的是“硬币出现正面”的事件将不发生，即硬币出现反面的事件将发生。双方的硬币或者将出现正面，或者出现反面，并且两种不能同时正确。这样，总有一个人要输，总有一个人要赢。

对于由认识的分歧而造成的战争，战争是一个验证哪一方观点正确的试验。这种试验如同自然科学中验证哪种理论是正确的判决性试验。然而，科学家尽管其理论被否决，他同样值得尊敬，他与其他科学家一样对自然的认识都得到了增进；进行“社会试验”的战争则不一样：失败者下地狱；胜利者未必进天堂。

并非所有的战争都是由认识的分歧所造成的，因为有些时候双方明知不可战而必战。但对于那些由分歧所引起的战争，若能够预先通过消除分歧而使战争化于无形，那不是更好？

作为理性人，任何认知都有理由。因此，不同的人其认知出现不同，是由于理由不同造成的。这就是说，具有不同的认知都是合理的，其合理性是相对于各自的理由而言的。要消除“分歧”，实现一致性的认识，方法便是：“充分交流和论辩”。

在相同的前提下不同的理性人均能得到相同的结论。如在前提“正义的战争是必胜的”和前提“这次战争是正义的”下，不同的人都能够得到同样的结论：“这次战争是必胜的”。因此，若不同的人那里出现不同的结论，只可能是：1. 其中一个人推理错了，或者/并且 2. 前提不同。

人的认知是作为“结论”出现的，前提便是理由。根据上述论证，或者是理由不同；或者是推理错误。若理由相同，必定有一人推理错误。

若各自将理由表达给对方并为对方所接受，那么争执的各方的理由是相同的，并且它们构成争执群体的公共知识。既然如此，所有的人的结论应当是一致的，而不应当再有分歧。

你会说，在战争这样的冲突性博弈中，凭什么听信对方尤其是敌人的？确实如此，我们可以弄清对方说的是否是真的。无论是在什么样的冲突中，各方都会有共同的目标。

这里，我们假定了双方对冲突所产生的不确定性结果有一致的认识。现实中不一致的认识可能是政治所需要，如双方都可能认为在这样的冲突中自己“必胜”、对方“必败”。除去宣传的因素，现实中的人们很难有一致的认识。

若双方对冲突有不同的认识，每一方均认为通过冲突而获得预期收益大于冲突成本，均认为，对方是得不偿失，若不进行调解，冲突便不可避免。双方均认为对方是“不理性的”，此时双方需要一个调停人：协调并改变双方的认识。

我们来分析共产党与国民党的谈判过程。1945 年抗日战争胜利后，国民党和共产党进行了一次停战谈判,此时,双方对战局的判断是,若发生冲突,国民党赢共产党的可能性较大,双方的认识几乎是一致的。此时,共产党愿意和谈,而国民党不愿意和谈。仅仅两年多的时间,到了 1948 年,情况发生了逆转,国民党希望和谈,但此时共产党"宜将剩勇追穷寇",而不愿意和谈。梁漱溟在回忆录中说:"1945 年,国民党不愿意和谈,1948 年,共产党不愿意和谈。"

第6章 共赢的资源分配

资源是人类生存所必需的，然而，它又是有限的，迄今为止，人类持续了数千年的大大小小的冲突究其根源在于争夺资源。

看来，资源争夺不可避免，然而，为资源进行的种种争斗又都是有损耗的，理性的主体通过计算以一定的代价换取争夺资源胜利后的利益，然而，在实力相当的两方进行的资源争夺战中，两败俱伤是必然的代价，得不偿失也可能是必然的结果。那么，有没有更好的方法，让双方实现“共赢的分配”——冲突最小化、利益最大化？

资源是人类生存所必需的。因而,不同组织的人群间为了自身的生存和发展抢夺某个资源。当多人或组织对一块资源声称具有拥有权或部分拥有权时,冲突便可能产生。

一、资源:生存所必需

资源是人类生存所必需的。它既包括空间、空气、阳光、水分等那些没有或少有人类加工痕迹的东西,也包括电脑、电视这些人类创造出来的物品。人类的生存基于一定的环境之上,这些环境构成广义上的"资源"。

对我们周边环境的这些东西我们可根据是否被人类加工过分为两类:没有被人类加工过的和被人类加工过的。前者便是狭义的"资源",后者成为"产品"。资源可直接被人所使用,如马克思所说的,它没有价值,但有使用价值;资源也可经过加工后被人所使用,此时它包含价值,变成了产品,产品经过流通过程成为人的财产。因此,产品是对资源加工而成的。我们这里所说的资源是狭义的资源。

资源是人类生存所必需的。因而,不同组织的人群间为了自身的生存和发展抢夺某个资源。一般来说,当多人或组织对一块资源声称具有拥有权或部分拥有权时,冲突便可能产生。

"诉诸法律嘛,"人们可能这样说。确实,生活中常见的财产归属权争执可诉诸法律,法律考虑了各种可能的情况,并设计了处理各种冲突的程序。但是对国家间的资源争执和冲突是没有相应的法律来处理的,因为根本没有司法机构。立法主体是国家,而资源争执往往是国家间的。

资源争夺永远无法避免，原因在于，未来永远存在归属权不明确的资源，因为人类的活动范围在扩大、资源的范围也在扩大。

有人会说，若资源之归属权或所有权明确，争夺能够发生吗？当然会发生，强者抢夺弱者的生存资源屡见不鲜。有人可能会说，若建立一个超越所有组织的强大组织，它规范所有人群组织，那就不会有强抢行为了。这当然是正确的，但现在没有这样的一个超级组织。

我们说，资源争夺永远无法避免，原因在于，未来永远存在归属权不明确的资源，因为人类的活动范围在扩大、资源的范围也在扩大。预先建立可能的组织以及法律只能规范有明确归属权的资源，而对没有归属权的资源，任何预先建立的组织和法律或条约都是无能为力的。

例如，日本和中国就东海的划界争论不休，原因在于东海海域下面存在巨大油气田资源。回到100年前，两国没有发现或不可能发现那里存在这样的资源，即使当时发现存在油气这样的东西，双方也不认为它是具有很大价值的东西。

国家间永远会出现新的“公共领域”或者新的“公共资源”，而面对这个公共领域任何国家都会寻找理由而声称它属于自己，将之据为己有，这样争夺便不会避免。

二、资源争夺：非常和博弈

在上一章，我们给出了利益冲突度概念，根据其定义，资源争夺的利益冲对于争夺各方而言，通过冲突而进行的争夺，都是有损耗的。在争夺中各方的损耗之和构成确定资源归属权“总成本”。而对于每一方而言，损耗构成“成本”。

突度是多少？

这里有两种情况：

第一，某种资源，若没有其他参与人的存在，我能够将其尽收囊中，此时的资源争夺的冲突度大于1。因为与对方争夺要花成本。而这个资源本来属于“我的”，因他人的争夺，我要花成本与他的争夺进行斗争；

第二，若没有其他参与人的存在，我不能得到所有资源，此时的资源争夺的冲突度小于或等于1。也就是说，此时的资源即使没有他人的争夺，也不能说，它全部属于我的。这样他人得到1个单位的资源，不等于我失去1个单位的资源。一个极端的情况是，他人得到的资源本来就完全不属于我的，此时的冲突度为0。

我们下面所考虑的只是第一种情况即冲突度大于1的资源争夺博弈。在这样的争夺中，若没有其他参与人，任何一个参与人能够得到所有资源；而争夺是有消耗的。

这样资源争夺看上去是常和博弈：双方或多方争得有确定价值的资源，不管结果如何，各方得到的利益总和为常数即该资源的价值。然而，对于争夺各方而言，通过冲突而进行的争夺，都是有损耗的。因此，将损耗考虑进来，资源争夺便不是一个常和博弈。

对某个资源之所以发生争夺，是因为该资源的归属权不明确。争夺过程是一个明确归属权的过程，在争夺中各方的损耗之和构成确定资源归属权“总成本”。而对于每一方而言，损耗构成“成本”。

在资源争夺中,所谓共赢就是避免发生冲突,即通过努力将博弈维持在冲突度为 1 的情况。

通过战争进行争夺是花费资源的。若冲突之后,每个争夺者之所得大于冲突的成本,这是有利可图的。此时,争夺行为相当于投资,收益大于成本,通过冲突实行了一个分配。是否能够通过争夺,每个参与人都能够有利可图即实现“多赢”? 往往不能。因为资源的特殊性,在资源争夺中往往是赢者通吃,输者一无所得。除非某种特殊情况,各个争夺者凭借独特的相对优势获得部分资源。如两个国家争夺某个含海上利益与陆上利益的资源,一方海军军力强,它得到了整个海上利益,一方陆军军力强,它得到了整个陆上利益。

可以想象的是,若实力相差较大的两方争夺,实力强的一方将得到这个资源,实力弱的一方将无所得。因此,若实力相差悬殊,弱者将不会发生争夺,尽管它有“理由”认为这个资源本属于它的。

实力相差不多的两方争夺一块资源时,两败俱伤是争夺的必然结果。因此,当所争夺的资源总量小于可能的损害时,实力相当的双方不会贸然发动争斗行为的。此时,“共赢的分配”便是可能的。在资源争夺中,所谓共赢就是避免发生冲突,即通过努力将博弈维持在冲突度为 1 的情况。

那么何种情况下会发生冲突呢?

三、谈判分配的条件:资源“足够小”或“足够大”

通过谈判对资源进行分割比发生冲突要好,因为这可以避免冲突的代价。然而,谈判是有条件的。我们这里用一个简单的模型来给出谈判进行分割的条件。

假定争夺的资源的总价值为 U,争夺在 A 和 B 两方之间进行。若发生冲突,A 的损害为 C1,B 的损害为 C2。假定这个成本是双方的公共知识。

这样,若双方发生冲突,双方付出的“总成本”C1 + C2,总的利润 U - C1 - C2。冲突后,赢家付出成本但得到 U,输家付出成本但一无所得;若不发生冲突,双方的总收益为 U。对双方整体而言,不冲突比冲突“占优”。

冲突的结果在发生冲突之前是一个不确定的事件。对这样的一个不确定性事件,双方的认识往往不一样,当然,也可能一样。为了方便起见,这里假定,双方对这样的冲突有一致的认识:A 赢的概率(B 输的概率为)p,A 输的概率(B 赢的概率)为(1 - p)。我们假定这个概率是双方的公共知识。

对于 A:赢的概率为 p,输的概率为(1 - p),付出的代价或成本是 C1,那么期望收益:pU - C1。

对于 B:赢的概率为(1 - p),输的概率为 p,付出的成本为 C2,那么期望收益为:(1 - p)U - C2。

这样，我们有四种情况，见下表。我们假定资源还在“未定状态”，即不在任何人手里。

表 6-1　发生冲突前双方的收益计算

四种情况	若“冲突”A的期望收益	若“冲突”B 的期望收益	个体的行为选择	结果
1	$pU - C1 > 0$	$(1-p)U - C2 > 0$	A、B 选择冲突都是合理的	双方谈判
2	$pU - C1 < 0$	$(1-p)U - C2 > 0$	A 选择冲突是不合理的，B 选择冲突是合理的。	B 将得到这个资源
3	$pU - C1 > 0$	$(1-p)U - C2 < 0$	A 选择冲突是合理的，B 选择冲突是不合理的。	A 将得到资源
4	$pU - C1 < 0$	$1-p)U - C2 < 0$	A、B 选择冲突都是不合理的。	双方谈判

第一种情况，冲突对每个人而言都是合理的，每个人都会理性地选择冲突，然而双方都会选择冲突是公共知识。一旦双方都选择冲突，双方的行为都是不合理的，这也是双方的公共知识。此时，双方会选择非冲突的方法来分割资源。

第二种情况，第三种情况。这两种情况下，冲突对一方不合理，另外一方知道对方作为理性人不会选择不理性的行为。此时，冲突不会发生，冲突合理的一方将得到整个资源。

谈判分配资源的条件是：或者资源价值“足够大”，大到双方都认为值得为之大动干戈；或者“足够小”，小到双方都认为不值得为之大动干戈。

第四种情况，既然双方选择冲突都是不合理的，双方又要得到资源，双方会选择谈判来分割。

这里，我们假定了资源未在任何人手里，若在其中一人手里，情形会大不相同。

因此，谈判的条件是：

$$\begin{cases} pU - C1 > 0 \\ (1-p)U - C2 > 0 \end{cases} \tag{6-1}$$

或者：

$$\begin{cases} pU - C1 < 0 \\ (1-p)U - C2 < 0 \end{cases} \tag{6-2}$$

我们可看到，谈判分配资源的条件是：或者资源价值“足够大”，大到双方都认为值得为之大动干戈；或者“足够小”，小到双方都认为不值得为之大动干戈。

若不满足上述条件，即资源若非足够大或足够小，强者得到资源，弱者一无所有。

当然，资源是否足够小或足够大，不仅取决于资源值，还取决于发生冲突的获胜概率、双方的冲突成本。

举一个例子：

某个资源对A、B来说，其价值均为15。若发生冲突，因A的实力比B要强，A赢的概率为0.6，B赢的概率为0.4；假定若发生冲突，A的成本为3，B

的成本为4。在这样一个资源争夺中,双方都想独享该资源。这样,在对方不让步的情况下,自己选择“不冲突”的收益为0,选择冲突呢?

我们看到,对于A,选择“冲突”,期望收益为:$0.6\times15-3=6$,大于不冲突的收益0。因而选择冲突是合理的。

对于B,冲突的期望收益为$0.4\times15-4=2$,大于选择不冲突的收益0。因而选择冲突是合理的。

但是冲突的结果是,只可能一方得到资源,另外一方无所得。若局势是双方的公共知识,双方知道每一方都认为选择冲突是合理的,这样,双方能够通过谈判来实现双方的收益。

在这个例子中,若资源的价值小于10,比如9,那么,对于A而言,选择冲突的期望收益大于0,对于B而言选择冲突的期望收益小于0。这样,A独享资源,而B一无所得。

若双方选择谈判,在谈判中双方能够得到多少,这取决于多方面的因素。

要说明的是,这里给出的只是一个比较简单的情况,实际的情形往往比这里给出的要复杂得多:实际情形中双方对冲突的胜败有不一致的认识(概率配置),资源价值的评价也往往不一样,双方的冲突成本也不是公共知识……

四、各得其所的“共赢”分配

世间之物,均有广延,均有质量,也均占有时间。物有广延,使之占有空间;物有质量,使之影响他物;物有时间,使之具有延续性,因而,严格地说,物是以一个事件的形式存在于时空之中:有起点也有终时。

若按“质量(或重量)”来分,我们有各种精度的“秤”;若按“长度”、“面积”或“体积”来分,我们有各色各样的“尺子”;若按“时间”来分,我们有五花八门的“时钟”。对物的划分的其他方式可能是这三种方式的复合或者变种。

但是有些东西我们是无法量度它的,资源对于参与人的价值便是如此。正因为如此,我们在分配中能够实现“共赢”。

美国纽约大学教授勃拉姆兹在《双赢解》一书中,提出了一个双赢的分配方法。我们以一个例子来说明勃拉姆兹的双赢解是什么意思。

甲、乙对某块资源达成了“原则上的平均分配”的协议。这样的分配协议是原则上的,指的是,它不是具体的分配方案,具体的分配方案是接下来的技术工作。而“平均分配”协议是指,双方承认了对方与自己对该资源具有相同的分配权。

假定该资源分成四个部分:A,B,C,D。甲、乙对这四个部分的评价不同。

假定甲乙将100分的分值各自分配给这四个部分,情况见表6-2。

表6-2　甲乙对各部分的评价

	甲	乙
A	20	30
B	40	20
C	30	10
D	10	40

那么,这样一个分配方案是“双赢的”:甲取得B和C,乙取得A和D。这不仅使双方均满意,而且谁都认为自己多得了:甲得到了总体100分中的70分;乙得到了100分中的70分。

因此,尽管这个分配是平均分配,但这样的分配是双赢的。勃拉姆兹给出了让这样的双赢能够实现的具体技术方法。

勃拉姆兹试图解决中国南沙群岛的争端:让东盟为一方、中国(包括台湾)为一方,双方实现“各得其所”的双赢。

能否将勃拉姆兹的方法进行推广,在多个人之间实现各得其所的共赢呢?

我想,是可以的。

一般的情况是:n个人均声称对一块资源拥有权利。并且假定这n个人都是“相关的”(不相关的参与人假定已经被排除)。假定这n个人经过讨价还价后形成了一个分配比例为:$a_1, a_2, \cdots, a_n$,它们满足:$a_1 + a_2 + \cdots + a_n = 1$。

因“偏好”不同，不同的人对同一块资源的“分数配置”不同。在进行选择时，不同的人倾向于选择自己认为最有价值的那块资源。这样的分配是“多赢”的分配。

首先，将资源按照天然的属性分成若干个小块资源；然后，参与分配的人对之进行按比例打分；最后，按照某种规则或者由某个机构对之进行分配。

因“偏好”不同，不同的人对同一块资源的“分数配置”不同。在进行选择时，不同的人倾向于选择自己认为最有价值的那块资源。这样的分配是“多赢”的分配。

五、交换

对同样的东西，不同的人估价往往不同。甲认为所争夺的资源 A 的价值大于乙所认为的价值，甲可以把另外一块资源 B 给乙，作为获得 A 的补偿。这样，甲获得 A，乙获得 B。乙获得了额外的收益 B，甲得到了 A。

这样做是有条件的。

第一个条件是，甲对获得 A 已经无望，否则他不会将自己已经在手的资源去送给他人，以“换取”本来就“是”自己的资源；

第二个条件是，甲认为 A 的价值大于 B，而乙认为 B 的价值大于 A。这是现实经济活动中交换能够发生的条件：双方均认为对方手中所拥有的物品“更有价值”。交换是资源重新配置的过程，在交换中每个人都认为自己赚了便宜；

第三个条件是，甲用于交易的资源的归属权是双方的公共知识，即双方对甲用来进行交换的资源的归属权是没有疑问的。交换是归属权的交换,只有对某个资源拥有归属权的人才能够对之进行处置。乙若认为甲用于交换的资源的归属权有疑问,认为它可能属于其他人,他将不同意这样的交易,因为,乙难以确定交易后他能够真正得到该资源。

在上述三个条件均满足的条件下,交换的方法能够实现双赢。三个条件中,第二个条件是决定交换能否成功的关键。若对于甲所用来进行交换的资源B,乙对A的估价越低、对B的估价越高,乙交换的可能性越大。为了交换成功,甲考虑到乙的决策,他会尽量选择对自己价值不大而在乙看来价值很大的资源作为交换的筹码。

当然现实中的博弈复杂得多,往往是一个讨价还价的过程。在甲相当确定地得到了A后,若他认为A对乙而言价值更大,他会向乙要高价,即将A卖个高价;乙虽然希望得到A,但他当然不愿意付出太多。这种方法尽管复杂并且充满冲突,但能够做到双赢。

用钱来作为补偿是其中的一种交换方法。如战争中战胜者占领了失败者的土地,战胜者不想长期占领,它往往要求失败者给予金钱补偿。这个补偿一般可以看成是“战争赔偿”,但凭什么说胜利者一定是受害者或者是“正义”的一方,因而要获得赔偿?因此,应将“战争赔偿”看成是对被占领土地进行分割的补偿,即战胜者退出被占领土地而获得的补偿。

既然所争夺的资源的归属权说不清楚，先到者先拿到再说。先到者成为“占先者”。

六、先下手为强

这是现实中经常用到的策略，并且对于采用者而言，它是上策。

既然所争夺的资源的归属权说不清楚，先到者先拿到再说。先到者成为“占先者”。占先者抢得这个资源，下面轮到后到者行动了。后到者若想与之分割，除了通过战争外无其他方法。而若发生战争，结果取决于力量对比。若后到者的力量不能与先得者相抗衡，那么，结果不言而喻，后到者没有份。

若后到者的力量与先到者的力量相当或更强，此时的分配结果取决于冲突的损耗和双方的承受极限。若冲突的结果是两败俱伤，双方的损害均超过承受极限，那么，占先者将有优势，因为在这个动态博弈中，当轮到后到者出招时，他在挑起战争和不挑起战争之间进行选择，若他没有足够的实力，理性的人是不会选择挑起战争的。他可以通过多种威吓手段威胁占先者，逼其退出；然而这样的威胁是不可信的。

若后到者的力量能够使占先者发生的损害超过其承受极限，而自己的损害在可承受的范围之内，那么，占先者将处于被动地位。占先者对已经占有的资源唯有拱手相让，他当然可以要求对方给予一定的补偿。占先者获得一定的补偿是可能的，因为占先者退出是没有面子的行为，因而占先者“不退出”是可能的，尽管不退出是非理性的。因此，为了对方都有台阶可下，或者有面子，后到者给予对方以一定的补偿。

因此，先下手者将使自己处于有利位置，无论占先者的实力与后到者的实力对比如何，占先者都是有利的。

先下手为强的方法符合谢林所提出的"边缘策略"。使用者通过这种边缘策略，获得最大的资源分配，而对方若不接受这个现实，只有进行武力抢夺。而对方采取武力抢夺，是不合算的，任何理性人都不会贸然采取。即一方先下手为强将对手逼到危险的边缘，而接受当下的结果，当然，该方法的采取者也是有危险的。

资本主义国家在兴起的时候，它们对世界的瓜分便是采取先下手为强的做法，崛起的后到者要分得占先者嘴里的肉，即抢夺他国的殖民地，往往是困难的。

不仅在对归属权不明确的资源的争夺中，先下手为强是一个好的策略，在资源归属权明确但拥有者弱小的情况下，先下手为强也是一个优势策略，如苏联在 1929 年对黑瞎子岛的占领和 1945 年对日本北方四岛的占领。失去资源的一方要想"要回"被占领的资源，其与占领者的力量对比要发生大的逆转，并且失去者对占领者的优势要足够大。只有这样才能将占领者逼退：占领者在"退"与"不退"之间进行抉择时，退是占优选择。

我们来分析"黑瞎子岛"的例子。

1929 年，张学良的东北军与苏联发生冲突，失败后，苏联强占黑瞎子岛。无论按照何种不平等条约，黑瞎子岛都是中国领土，但自 1929 年以来，黑瞎子岛一直被苏联军队及后来的俄罗斯军队所占领。若要对方将吃进的肉吐出来,除非你的实力足够强。

到了21世纪,情况发生了变化。第四次边界问题谈判开始于2001年7月。经过多轮谈判,双方最终达成共识,原则上决定平分黑瞎子岛。2004年10月,俄罗斯总统普京访华,中国外交部长李肇星和俄罗斯外交部长拉夫罗夫代表中俄双方签订了《中华人民共和国和俄罗斯联邦关于中俄国界东段的补充协定》,该《协定》并已得到中国全国人大常委会、俄罗斯杜马全体会议和俄罗斯联邦委员会全体会议批准。

《协定》规定,满洲里东部额尔古纳河上的阿巴该图洲渚归俄罗斯所有;塔拉巴罗夫岛(银龙岛)归中国所有;大乌苏里斯基岛(黑瞎子岛)由于属于哈巴罗夫斯克市区,两国政府商定将该岛一分为二,靠近哈市的一半归俄罗斯所有,靠近中国一侧的一半归中国所有。

2005年6月2日,中俄在海参崴互换《中华人民共和国和俄罗斯联邦关于中俄国界东段的补充协定》批准书。当年6月,中俄勘界工作启动。2007年4月,俄军开始拆除在黑瞎子岛的军事设施。该年9月,中俄黑瞎子岛陆地勘界基本完成。同年11月,中国黑瞎子岛界碑竖立。近日,又传出水上勘界已经完成的消息。至此,黑瞎子岛乃至中俄边界问题的最终解决画上了一个句点。

2008年8月奥运会在北京召开,几乎与之同时,黑瞎子岛的一半得以回归。

在历史上黑瞎子岛属于中国，并且，中国在任何朝代都没有签协议或条约，将黑瞎子岛给俄国；但是，由于历史的原因，黑瞎子岛到了俄国人手里，我们要拿回来哪怕部分地拿回来，只能靠实力。由此可见，任何历史事实都不是现实，尽管现实是历史事实的延续。历史事实能够成为理由，但绝不可能是充分理由；构成充分理由的是实力的对比。

俄罗斯人之所以能够做出退让、与中国平分黑瞎子岛，与中国和俄罗斯国力对比发生变化相关，中国已非苏联时代的中国，俄罗斯也非当年的苏联。对于中国，拿回半个黑瞎子岛总比整个在俄罗斯手里要强；对于俄罗斯，面对实力逐渐增强的中国，确保得到半个黑瞎子岛，总比未来与中国发生冲突而可能的一无所有要强。

当然，对于中国而言，现在与俄罗斯分割黑瞎子岛是否是最佳时间，这是一个问题。因为我国的综合实力处于上升期，若我们的实力在未来足够强大，协议可能更有利于我们。

当然，"先下手为强"策略也有缺点。如：若采用者对双方实力估计错误，那么，或者发生双方都不愿意看到的冲突，或者无奈地选择退出而丢失面子。

资源争夺各方若认识到各方的长期争执将得不偿失，那么，此时对争端的一个好的解决方法是“悬置”。该资源争端“暂时搁置”，让时间来解决问题。

七、悬置

资源争夺各方若认识到各方的长期争执将得不偿失，或者，认识到若现在不解决以后可能酿成更大的冲突，那么，他们会很快达成分配协议。此时这种速战速决的分配是多赢的。历史上有些国家间的边界就是在速战速决中被确定的。

然而，速战速决的分配方式是在特殊的情况下才能够采取的。许多资源争端不能轻易解决，尤其是涉及价值无限大的资源如领土的分配。

若各方都坚持该资源归自己所有，或者所要求的分配份额之间差距甚大，各方又不退让，而通过武力来解决又只能是两败俱伤，那么，此时对争端的一个好的解决方法是“悬置”。

所谓悬置是将该资源争端“暂时搁置”，让时间来解决问题。悬置不是不负责任，将问题留给子孙去解决。它只是暂时的封存。随着时间的推移，未来的政治家往往能够找到解决争端的良策；或者随着力量对比的变化，或者因某个突发事件的产生，该问题能够得到妥善的解决。

采取悬置策略是争议各方共同避免当下冲突的结果，它是争端各方一起“走为上”。当然，也有可能的是，所悬置的争端在未来会激化更大的冲突。

在某个阶段各方采取或均同意采取“悬置”的方法，是因为没有更好的悬置的条件是:1. 目前找不到一个各方都接受的解;2. 各方都认为未来自己能够得到更多。

解决方法,而现在不解决不会造成未来更大的冲突。

当然,此时各方可能对未来的看法不一致:双方都认为未来的发展有利于自己。

因此,悬置的条件是:1. 目前找不到一个各方都接受的解;2. 各方都认为未来自己能够得到更多。

采取悬置能够成为各方的“共识”,即各方均认可并同意采取这种方法。此时双方所做的自然是避免发生冲突。

一个资源处于悬置中,此时各方是“共赢的”。因为,各方都“声称”该资源属于自己或“声称”自己占较大的份额,而所有声称拥有归属权的一方所声称的份额之和大于该资源本身。

在现实中,每个人都希望“先下手为强”。后到者往往采取“悬置”的方法。占先者占了先机,后到者没有理由让占先者退出,此时他可以发出“威胁”,将攻击对方,其目的是让占先者退出,但是只要双方的实力对等、并且武力冲突将会使双方两败俱伤,此时的任何威胁都是不可置信的。占先者不会退出,后到者也不会发动武力攻击。

悬置是避免眼前的冲突而不得已的“共赢方法”。

若多个组织(如国家)对同一块资源都声称拥有所有权,若分割将失去资源的整体价值,或者无论哪种分割都有成本时,“共享”不失为一种好的方法。

八、共享

人对物品有各种“权利”。所谓权利是指选择的可能性,拥有权利便是拥有某些选择的可能性。人对物品的各种权利是社会所赋予的。因此,权利中所体现的是人与人的关系。

在我们的脑海里,对物品的“拥有”往往指的是“完全拥有”,或者说“排他性”地拥有。所谓排他性拥有是指,某个拥有者对该物品拥有社会所赋予的各项处置权,而这个权利是其他人所不能具有的。

在经济活动中,人们凭借智慧发展了“部分拥有”概念。一个企业有若干个股东,这些股东“共同拥有”这个企业,每个股东“部分拥有”这个企业。因为企业作为一个整体,若按照比例将之分割给每个股东,其价值将大大地降低。

两个人争夺一块钻石,将之切割分配是一个愚蠢的做法,两人“共同拥有”比分而(排他性地)拥有更好。若多个组织(如国家)对同一块资源都声称拥有所有权,若分割将失去资源的整体价值,或者无论哪种分割都有成本时,“共享”不失为一种好的方法。

儿童出生后被拐卖,在养父母那里长大,生父母千辛万苦找到了已经长大了的孩子。从法律上讲,孩子应当回到生父母那里,但是孩子对养父母感共享即共同拥有，指的是该资源属于多个组织，这些组织共同享有该资源的收益。

情深厚，而对生父母则感到陌生。让孩子回到生父母那里而割断养父母与孩子之间的联系，养父母受到伤害，孩子更受到伤害；而孩子若属于养父母，生父母则不能接受。对待这个难题，若我们破除了排他性拥有，一切都解决了：他们都是孩子的父母，他们共同拥有这个孩子。有了这个观念之后，接下来的问题便是细节问题。

对资源的争夺何尝不是这样？所谓共享即共同拥有，指的是该资源属于多个组织，这些组织共同享有该资源的收益。

我们可以想到的是，对某类资源实现共享应符合以下条件：1. 分割将降低资源的效率；2. 争夺者的任何分割行为都难以达成；3. 资源本身根本不可能分割。

这种方法超越了资源排他性拥有的观念。我们许多的资源都是被排他性地拥有，如某个国家的石油、矿石等只属于该国家。但也存在许多资源是所有人所共享的，如空气、阳光等。

当然，这将涉及许多技术问题。因为资源最终会带来利益，人们争夺的也是利益。如何在共同拥有的条件下产生并分配这些利益？

在联盟博弈中博弈论专家分析如何分配通过联盟获得的利益。不在联盟之内的成员自然不能获得分配。即分配的是联盟的特征值，而每个成员必须对这个联盟值有贡献。

在争夺资源活动中不能被排除出去的组织构成一个联盟，与该资源无关的组织自然在联盟之外。如：在两国之间的某个区域被人们所发现，该区域只与这两国相关,而与他国无关,此时的联盟便是这两个国家。

对某块资源实现共享,是说这些组织不就该资源的所有权进行分割,所有权属于这些组织,这些组织共同享用该资源带来的好处。然而,这不是说,这些组织不需要对这些好处进行分配。组织间完全需要就该资源所带来的利益进行讨价还价。

若某个资源争夺的博弈中,参与人是两个国家,它们所争夺的资源是岛屿,它们最后所采取的方法是共享。那么,它们就突破了传统的认为国家对领土、领海或领空有绝对拥有权的概念。这两个国家在谈论自己的疆域时,它们可以这样说:我国拥有若干的陆地面积、若干的海洋面积,以及和某国共享的若干的岛屿面积。

该方法可为巴勒斯坦、以色列的冲突提供可能的解决思路。

第 7 章 联盟制胜

社会中的博弈其参与者往往不是单个的人，而是由多个人形成的联合体，这些参与人的联合体便是联盟。

在联盟当中，人与人之间的关系不再仅仅是竞争性的、冲突性的，而是依据一定的协议相互协作。

参与人之所以形成联盟，是因为联盟成员通过联盟能够共同创造价值——联盟值，它远远大于单个人单打独斗时所能够创造的，就像生物界的不同物种共生关系那样——不同的物种通过共生自身的生存能力相互都得到了提高。

问题是，不是所有的参与人的组合都能够形成联盟，也并非所有的联盟都有真正的生命力，那么，联盟何以形成，使联盟能够稳定并且真正发挥作用的条件是什么？

联盟是由多个利益主体在某个协议约束下
组成的一个更大的组织。

一、社会中的联盟

我们常说:人多力量大,团结才有力量……这就是说,多个人能够形成一个大的力量的群体。我们这里涉及社会中一个常见的现象:联盟。

社会中的博弈其参与者往往不是单个的人,而是由多个人形成的联合体与其他联合体之间的博弈。这些参与人的联合体便是联盟。多个参与人形成一个或若干个参与人联合体的过程便是联盟博弈。

联盟是由多个利益主体在某个协议约束下组成的一个更大的组织。在这个组织内的每个利益主体根据协议而行动,这个协议可能是对某一次博弈的行动约定,也可能是对一类博弈的行动规定。

社会中联盟随处可见,小到企业、社团,大到国家间的联合体如欧盟、东盟、联合国,都是联盟。

社会中的各种组织都是联盟。组织是由成员所构成的,成员可以是单个人,也可以是更小的组织。任何组织对其成员都有协议:它规定成员的义务,另外一方面,组织中的成员都有额外利益,每个成员在这个联合体中能够获得非成员所不能获得的利益,否则没有人愿意参加组织,组织便存在不下去。当今,最大的组织或最大的联盟便是联合国,它是由超过200多个国家所组成的超级联盟,联合国的最大的作用是,遏制像第二次世界大战那样的战争,协议在联盟的行动中发挥重要作用:它是形成联盟的前提,即只有在某个协议形成后联盟才能形成;同时它决定了联盟形成后联盟的未来走向。

而这对所有国家都有好处;每个成员国都要承担相应的义务,如缴纳会费等。

联盟伴随协议。联盟的协议是在讨价还价中形成的。它规定了各个利益主体的权利和义务。协议在联盟的行动中发挥重要作用:它是形成联盟的前提,即只有在某个协议形成后联盟才能形成;同时它决定了联盟形成后联盟的未来走向。

如,企业便是劳动与资本的联盟。资本只有与劳动结合才能体现自己的价值(能力),劳动也只有与资本结合才能放大自己的价值(能力)。资本与劳动的结合才能够创造独自难以创造的价值,合作的结果是总的收益提高。

我们熟知的协议是成文的,联盟各方商议好后形成文字,各方日后不得耍赖,员工与企业的劳动合同、企业间的合作协议等均属于此类。还有一类协议,它们是不成文的,也可以说是潜规则。这两种方式在联盟的形成中发挥重要作用。

协议不同于约定。在第3章中,我们分析了约定。然而,约定往往没有约束力,往往缺乏强制性的措施对不遵守它的参与人进行处罚;而协议有较强的约束力,不遵守者则受到一定的惩罚,当然,这个惩罚也是事先规定好的。

动物世界中同一物种的生物之间演绎着相互协作的故事，然而它们是凭借本能进行的。

二、自然界的联盟

动物世界中同一物种的生物之间演绎着相互协作的故事，然而它们是凭借本能进行的。

第一，动物的联合狩猎。生存是动物的本能，自我保护、避免被猎杀也是动物的本能。若猎物避免被猎杀的能力足够强大，猎物所进行的殊死抵抗增加了食肉动物的猎杀难度，为了能够生存，狩猎者在进化中逐渐摸索出联合狩猎的方式。

在自然界，为人熟知的采取联合攻击手段的动物有：狼、鬣狗、豺、狮子等，因为在开阔地带这些动物若单兵作战，难以捕获如牛、斑马、野羊等猎物。本人不是动物学家，不知道有多少动物种类在狩猎时采取的是联合攻击或协同攻击。这里，我做这样的猜想：若某种动物其单个身材及体能，在某种狩猎环境下，与猎物相比不占绝对的优势，那么自然演化的结果将使它采取联合攻击的方式。

狼是采取群体作战方式的生物。作为狼的猎物之一的羊尽管弱小，无法与狼进行格斗，但羊的奔跑速度不逊于狼。因此，在正常情况下，一头狼要追杀一头羊不是容易的事情。为了避免劳而无功，狼发展了集体进攻的方式。通常，狼群对一个猎物群体进行进攻，确定目标后，群狼把目标区加以包围，动物的联盟，其成员往往是固定的，这一点与人类的联盟不同。人类的许多联盟是暂时的：为了一个短暂的利益而形成，目标实现后，联盟便瓦解。

进行追击，在追击猎物时，狼群总是选择那些衰老的、幼小的、虚弱的或者有明显弱点的动物，这样容易得手。

猎物到手后，狼群将食物分食，或者因为有头狼的存在，或者因为其他某个原因，狼不会因为分食猎物而格斗。当然，一个重要的事实是，狼群的数量不会太大，一般是几只，这是一个"最小获胜联盟"——这样的联盟对于围击猎物足够了，同时，一只与狼体积相仿的猎物被捕获后，该猎物作为它们的食物可能足够了。狼的联盟生成与分配似乎是经过精心设计的。

狼群如此，狮群也是如此。尽管老虎与狮子是其他动物所恐惧的动物——老虎是森林之王，狮子是百兽之王。但它们的狩猎方式截然不同。狮子对大型猎物如牛、斑马等如同狼一样也是采取集体围猎的方法，老虎只是单兵作战。原因可能是因为狩猎环境：狮子生活范围是在广阔的草原上，狮群之间协同追击是可能的；老虎的生活范围是在森林，没有奔跑和联合围歼的空间。当然这只是一个猜测。蚂蚁虽是昆虫类，但也是采取群体攻击的方式获得猎物。但猎物相对于蚂蚁来说过于庞大，它们往往将猎物搬运回巢后分食。

动物的联盟，其成员往往是固定的，这一点与人类的联盟不同。人类的许多联盟是暂时的：为了一个短暂的利益而形成，目标实现后，联盟便瓦解。

然而，动物界似乎只有狩猎时相互协作的动物，而相互协作以抵御敌人进攻的动物则不多，除了母亲保护幼仔的行为。狮子攻击牛群、斑马群，这些被攻击的对象除了奔跑、逃命外，一般不可能共同抵御进攻。原因在于，联合防守是“囚徒困境”,逃跑是占优策略,协同防守是被占优策略。而在联合狩猎时,协同作战是“占优策略”,不协同作战则是“被占优策略”。

总之,在自然界不同的动物有自己的独特的狩猎方式,存在一类动物,它们的狩猎方式是集体的,并且它们形成了分配猎物的方法。

第二,不同物种之间的协作——暂时性的联盟。

在同样的物种群体中能够形成一定规模的狩猎群体,在不同物种间能够形成联盟吗?在特定的环境下,这种合作是可能的,并且原来的敌人也可能成为合作伙伴。

我们来看一个不同物种在特定群体之间的合作的例子。

据报道:为寻找可口的冷水浮游生物,每年6、7月沙丁鱼发生大规模迁徙,数十亿条沙丁鱼从南非好望角穿过寒冷的大西洋水域,朝位于亚热带的印度洋水域前进。在途中,海豚、鲨鱼、鸟类、海豹加入围捕的大军。

鲨鱼会攻击海豚和海豹,海豹会吃箭鸟,然而在围捕沙丁鱼的行动中,大家相互合作。

海豚用自身拥有的声纳系统发现沙丁鱼群,这是其他动物所不能做到的,鲨鱼则跟随海豚群。当壮观的沙丁鱼群来到攻击圈时,海豚群将其中的一股沙丁鱼截断,使它们从大部队里分流了出来,使它们形成“鱼球”,海豚并用超声波“误导”迷路的沙丁鱼群。

然而,因为海豚不能长期待在水底,必须每隔几分钟浮到水面呼吸一次,它们分工合作,轮流潜入水下将沙丁鱼赶到易攻击的浅水之中,轮流浮出水面呼吸。然而,很有可能的是海豚精疲力竭,沙丁鱼潜入深水之中。此时,鲨鱼来了。

鲨鱼远远地嗅到海豚的气味,鲨鱼是海豚的敌人。然而,鲨鱼不是来攻击海豚的,而是来“帮助”海豚的。鲨鱼是潜泳的高手,它们代替海豚,深潜于海水中,从下方攻击沙丁鱼,使“鱼球”无法深潜。海豚队则分散在沙丁鱼上方,进行包抄、夹击。海豹也来了,它们也从上方攻击沙丁鱼;鲨鱼专心致志地攻击沙丁鱼,而不顾及海豹;箭鸟也来了,它们从空中箭一样射进水里,它们也不再顾及昔日的敌人——海豹。

鲨鱼、海豚、海豹、箭鸟之间的“联盟”如同三国时代魏国攻打吴国时吴、蜀结盟一样,这种联盟是在特定情况下为了自己的利益而暂时形成的。那么动物间是否有形成“永久性”的联盟的现象呢? 答案是肯定的。这就是生物间的共生现象。

第三,永久性联盟——物种间的共生。

大家熟知的是,昆虫有“益虫”和“害虫”之分,这是从我们人类的角度来划分的:根据它们对人类的作用即对人类是有利还是有害来确定的。若从生物的角度来划分,在自然界,关于两个生物之间的关系,根据一个生物物种对另外一个物种的生存是否有益这样的标准,我们得到三种可能的关系:“有利的”、“中性的”和“有害的”。

羊是狼的食物,羊对狼是有利的,而狼对羊是有害的(尽管狼对羊的追逐有利于羊的生存能力的提高);而狼、羊等与天空中的鸟之间的关系可看做中性的，因为它们没有直接的厉害关联。

从逻辑上讲，两个生物物种之间的可能的关系有九种："有利—有利"，"有利—有害"，"有利—中性"，"有害—有害"，"有害—有利"，"有害—中性"，"中性—有利"，"中性—有害"，"中性—中性"。上述狼—羊之间的关系为九种中的一种——"有害—有利"。

两个物种之间的利害关系可能是天性使然，也可能是特定环境中的偶然情形下所形成。多个物种之间所形成的特定的稳定的生存关系便是食物链，如"狼—羊—草"。

两个物种之间的互利关系是九种关系中的一种，经过长期的进化而形成的稳定的互利关系便是"共生"（Mutualism）。

用博弈论的术语来说，共生是两个物种间形成的稳定的"联盟"，在这个联盟之中，两个生物之间的关系是"合作的"。

在生物界，有许多"共生"的生物。小丑鱼与海葵之间所形成的"小丑鱼—海葵"便是这样的共生性的"联盟"。

小丑鱼是生活在海洋中的鱼类中的一种，海葵则是海洋中的一种类似植物的动物。小丑鱼自得地生活在海葵的"丛林"般的触手之间，虽然海葵有会分泌毒液的触手，但小丑鱼身体表面拥有特殊的黏液，可保护它不受海葵毒液的影响。

在"小丑鱼—海葵"联盟中，它们间的分工是这样的：对于小丑鱼而言，海葵的巨大的触手丛林构成保护小丑鱼的避难所，使之免受其他大鱼的攻共生是两个不同物种的个体间的一个生物上的互利现象。两个物种通过共生自身的生存能力,双方都得到了提高。

击;海葵吃剩的食物也可供给小丑鱼;同时,小丑鱼亦可利用海葵的触手从安心地筑巢、产卵。对海葵而言,它可借着小丑鱼的自由进出,吸引其他的鱼类靠近,增加捕食的机会;对于不惧海葵"毒手"的克星如蝶鱼,小丑鱼会挺身而上,保护海葵;小丑鱼亦可除去海葵的坏死组织及寄生虫;同时,因为小丑鱼的游动可减少残屑沉淀至海葵丛中。小丑鱼与海葵之间是相互依存的关系。

共生是两个不同物种的个体间的一个生物上的互利现象。两个物种通过共生自身的生存能力,双方都得到了提高。发生共生现象的两个生物物种之间为"合作关系",而不是竞争性关系,更不是以对方为食物的你死我活的关系。

对共生现象和理论的研究最早是从生物学家开始,共生概念最早由德国真菌学家德贝里(Anton de Bary)于1879年提出。自此,生物学家开始研究生物界的共生现象。

生物界共生的例子很多。豆科植物和根瘤菌是又一个共生的实例。根瘤菌存在于土壤中,是有鞭毛的杆菌。在整个共生过程中,豆科植物供给根瘤菌碳水化合物,根瘤菌则供给植物氮素养料,从而形成互利共生关系。

我们熟知的蜜蜂与花的关系也是共生关系:蜜蜂传播花粉,植物给蜜蜂提供食物。树和鸟也可说是共生关系:树给鸟提供栖息之地,同时提供种子作为鸟的食物;鸟则吃树上的虫子,并向其他地方传播树种。

共生是自然界中的物种之间的"联盟",在联盟中双方各自"自利"的行为同时有利对方。

共生是自然界中的物种之间的“联盟”，在联盟中双方各自“自利”的行为同时有利对方。

生物界的共存现象表现在物种间因各自组织的独特性而形成功能性的互补。两个生物物种因各自的组织形成的与对方的利害关系，存在许多种可能性，共生是其中的一种。需要说明的是，特定环境有可能发生“狼爱上羊”、“羊爱上狼”的现象，但这不是共生，因为这是特定环境下的个案，而非物种间普遍性的行为。

三、联盟与联盟值

我们看到，无论处于自然界的动物，还是社会中的人，联盟是一个常见现象。不同的是，动物的联盟是本能地形成的，而人的联盟是理性地形成的。我们这里只分析社会中由人组成的联盟。

什么是联盟？所谓联盟是指多个参与人组成的集合体，这些参与人制订出有约束力的协议。这个协议包括了各自的权利（利益分配）与义务（行动规定）。

n 个参与人能够形成多少个联盟？博弈论中给出了一个“空联盟”概念，一个空联盟是没有任何成员的联盟，我们用 Φ 来表示。这样，n 个参与人能够形成 2^n 个联盟。如参与人为 A、B，他们能够形成 $2^2=4$ 个联盟：Φ，A，B，AB。其中 A、B 为分别是由参与人 A、B 组成的一个人的联盟。

在三国时代，魏国、吴国、蜀国三个参与国能够形成八个联盟：空联盟 Φ，参与人之所以形成联盟，是因为联盟成员通过联盟能够共同创造“价值”，这个价值便是“联盟值”。

魏，吴，蜀，魏—吴，魏—蜀，吴—蜀，魏—吴—蜀。而联合国安理会五个常任理事国能够形成 $2^5=32$ 个可能的联盟。

参与人之所以形成联盟，是因为联盟成员通过联盟能够共同创造“价值”，这个价值便是“联盟值”。因此，所谓“联盟值”是指：联盟成员共同创造的收益或价值。联盟值即为联盟获得的支付。①

我们用 v(C) 来表示某个联盟 C 的联盟值。博弈论规定了空联盟的联盟值为 0，$V(\Phi)=0$.

举个例子：A、B、C 三人进行某项工作，假定他们任何一个人单独行动将没有收益，任何两个人将获得 100 的收益，三人合作将获得收益 200。这样：

$$V(\Phi)=0$$

$$v(A)=v(B)=v(C)=v(\Phi)=0$$

$$v(AB)=v(BC)=v(AC)=100$$

$$v(ABC)=200$$

在给定了联盟值后，一个参与人群体能够形成一个大联盟——所有人的联盟，如这里的联盟 ABC；也可以形成若干个由其中的部分参与人组成的联盟。

① 诺依曼与摩根斯坦《博弈论与经济行为》中将不同联盟与联盟值之间看成是一个函数关系，他们称之为特征函数。

四、共赢的联盟形成条件

并非任何参与人之间都能够形成联盟。那么,参与人形成联盟的条件是什么?

有了联盟值,我们自然会想到,这个条件与联盟值有关。

一个自然的想法是,多个参与人结成一个联盟,这些人能够从联盟中获得大于他们单独行动所获得的收益(分配),而获得这个更大收益的条件是要获得更大的联盟值。

如:两个参与人 A、B,他们能够形成联盟 AB 的条件是:$V(AB) > V(A) + V(B)$

n 个博弈参与人 $A_1, A_2, \cdots, A_n$ 进行联盟博弈,他们能够形成多个联盟。其中联盟 C 能够形成的条件是:任何一个参与人 Ai 对联盟的贡献 $V(C) - V(C_{-i})$ 超过他单独行动的值 $V(Ai)$,即:

$$V(C) - V(C_{-i}) \geqslant V(Ai)$$

这里,C_{-i}为 C 中除去 Ai 剩余成员构成的联盟。

这个条件也可以说成:任何一个参与人 Ai 加入到 C_{-i}形成的联盟 C,其联盟值超过他与 C_{-i}的联盟值之和,即

$$V(C) \geqslant V(Ai) + V(C_{-i})$$

每个参与人，他加入到某个联盟之中，当且仅当：第一，他从联盟中获得的收益小于他对联盟值的贡献，第二，他从该联盟之中获得的收益大于他从其他可能的联盟中所获得的收益。

为什么满足上述条件联盟就能够形成呢？因为联盟值是联盟收益，还不是各个成员的收益，但它是分配的前提。人们的分配是讨价还价的过程，这个条件是讨价还价的前提。

这样，每个参与人加入到某个联盟之中，不仅能够使自己的收益提高，而且使其他成员的收益提高。

这个条件是共赢的。

然而，这个条件是必要条件，而不是充分条件：满足这些条件，联盟不必然形成。因为参与人面临多个可能联盟进行选择，而这些可能联盟都满足上述条件。当参与人面对多个可能的联盟时，他自然选择能够给他带来最大利益的联盟。联盟的形成是一个各个参与人进行利益计算的过程。

那么什么是联盟形成的充分条件？

联盟形成与分配相关，因而是一个讨价还价的过程，这一章我们不讨论分配。

对于每个参与人，他加入到某个联盟之中，当且仅当：第一，他从联盟中获得的收益小于他对联盟值的贡献，第二，他从该联盟之中获得的收益大于他从其他可能的联盟中所获得的收益。

第一个条件表明，参与人加入到该联盟中之中使得联盟中的其他人能够获得收益；第二个条件表明该参与人在该联盟中获得了其他地方所没有的收益。

这个充分条件也是共赢的。

参与人在一个联盟中能够获得不可改进的
收益,那么这个联盟便是最终联盟。

多个参与人能够形成若干可能联盟,上述充分条件也决定了哪些联盟是“最终联盟”,哪些不是。

这个充分条件也表明一个最终联盟中的所有成员,不能从其他联盟(包括单独行动)中获得大于从该联盟中所获得的利益,即这些分配是“不可改进的”。也就是说,参与人在一个联盟中能够获得不可改进的收益,那么这个联盟便是最终联盟。①

若是完全信息联盟博弈——各个可能的联盟的联盟值为公共知识,那么,这个条件便是联盟形成的条件,参与人只要计算,参与人其分得的好处不可改进的联盟便是可形成的联盟,否则便不能形成。

上述例子中,联盟 ABC 是最终的联盟,因为我们看到,在这个联盟中只要 A、B、C 中的任何两人获得的收益之和都超过两人联盟的联盟值 100,那么这个分配就是不可改进的。在联盟 ABC 中能够满足这个条件。事实上,只要 ABC 的联盟值超过 150,就满足这个条件了。

然而,现实中许多联盟博弈往往是不完全信息博弈。在这样的联盟博弈中,有些非最佳联盟得以形成,原因在于参与人在形成联盟过程中不知道所有联盟值,因而不知道在有些联盟中的收益是否不可改进。

---

① 一般地,在 n 个参与人进行的联盟博弈中,由 m 个参与人形成的联盟 S,$m \leqslant n$,若 R_i 为剩余的 $n-m$ 个参与人组成的联盟集 R_i(R_i 的联盟个数为 $2^{n-m}-1$)中的一个。S 是最终的,当且仅当:$V(SR_i) < V(S) + V(R_i)$。特别地,最大的联盟是由这 n 个参与人所形成。

联盟发展是这样一个过程，初始的联盟形成后，新成员不断加入而形成暂时稳定的联盟，直至最终的联盟形成。这是一个动态过程。

五、联盟的形成与扩张：以欧盟为例

联盟形成有两种方式：一是瞬间形成的，二是渐进形成的。前者的联盟往往比较简单，联盟博弈的参与人也比较少；后者则比较复杂。

在实际的复杂联盟博弈中，联盟博弈有两个阶段：第一个阶段是初始联盟的形成阶段，在这个阶段中，多个个体（人或组织）通过谈判形成一个初始联盟；第二个阶段是联盟发展阶段，新的个体希望加入到这个联盟中来，通过讨价还价，初始联盟在不断扩大。典型的例子有：联合国、欧盟。

初始联盟的形成过程比较复杂，这需要极高的政治智慧，因为没有现成的规则可循。而一旦初始联盟形成后，在联盟扩张中新的成员的加入可以根据建立起来的规则来进行；当然这样的规则可以不断地被修改。

联盟发展是这样一个过程，初始的联盟形成后，新成员不断加入而形成暂时稳定的联盟，直至最终的联盟形成。这是一个动态过程。

我们来看一下，欧盟的形成和发展过程。

随着《马斯特里赫特条约》于 1993 年 11 月 1 日正式生效，欧洲联盟正式成立。欧盟的前身为“欧洲经济共同体”，简称欧共体。

1951 年 4 月 18 日，法国、联邦德国、意大利、荷兰、比利时和卢森堡在巴黎签订了建立欧洲煤钢共同体条约，即《巴黎条约》。1952 年 7 月 25 日，欧洲煤钢共同体正式成立。1957 年 3 月 25 日，这六个国家在罗马签订了建立欧洲经济共同体条约和欧洲原子能共同体条约，统称《罗马条约》。1958 年 1 月 1 日，欧洲经济共同体和欧洲原子能共同体正式组建。1965 年 4 月 8 日，六国签订的《布鲁塞尔条约》决定将三个共同体的机构合并，统称欧洲共同体。但三个组织仍各自存在，具有独立的法人资格。《布鲁塞尔条约》于 1967 年 7 月 1 日生效，欧洲共同体正式成立。

今天的联盟由最初的 6 国组成的欧共体经过 5 次扩大而形成，今天它是一个拥有 25 个成员国的大的联盟。

第一次扩大开始于 1961 年。1961 年 8 月，英国、爱尔兰、丹麦和挪威等国提出申请，开始了欧共体第一次扩大进程。欧共体把这 4 国作为一个整体，逐个谈判。其中，英国走的路最曲折，3 次申请，两次遭拒，直到 1973 年 1 月才成功。共同体与英国谈判的主要问题集中在英美特殊关系、英联邦问题、农业政策、英镑地位和过渡期等方面，除英国作出较多让步外，法国态度的转变起了关键作用。但因挪威全民公决拒绝加入，最后只有 3 个国家如愿以偿。

第二次和第三次扩大是吸纳希腊、葡萄牙和西班牙。它们分别于 1975 年 6 月、1977 年 3 月和 7 月提出申请，但三国仍被作为一个整体考虑，欧盟采取了个别吸收原则。希腊是东南欧相对落后的国家，谈判的主要议题是农业政策、区域政策、竞争政策以及货物和劳务的自由流动。由于双方经济联系密切，谈判较顺利，希腊成为第二次扩大的唯一国家，于 1981 年 1 月正式加入。西班牙和葡萄牙是西南欧相对落后的国家,在农产品和劳动力等问题上谈判进展缓慢,直至1986年初才加入欧共体。这两次扩大的国家都是西欧欠发达国家,欧共体在经济上付出了较大代价:如农业基金方面,仅农产品保证价格开支就增加了1/3,地区开发基金和社会基金等方面也加重了欧共体的负担。但欧共体获得了战略和政治上的利益:三国都经历了或长或短的军事独裁时期,走上资产阶级的代议制时间不长,接纳三国有助于稳定其政局;三国地处战略要地,对维护欧洲安全也非常重要。

第四次扩大是在两极格局解体、统一大市场计划基本实现后开始的。奥地利在1989年7月率先提出申请,接着,瑞典于1991年7月,芬兰和挪威于1992年3月也都分别提出。这四国的经济发展水平较高,与欧共体经济联系密切,谈判几乎没费周折就签了协议。这次扩大又是一次双赢的实践。但由于1994年挪威全民公决再次否决了协议,1995年初欧共体的新成员又是3个。欧盟成员国增至15个。

第五次扩大开始于2002年。2002年11月18日,欧盟15国外长会议决定邀请塞浦路斯、匈牙利、捷克、爱沙尼亚、拉脱维亚、立陶宛、马耳他、波兰、斯洛伐克和斯洛文尼亚10个中东欧国家入盟。2003年4月16日,在希腊首都雅典举行的欧盟首脑会议上,上述10国正式签署入盟协议。2004年5月1日,这10个国家正式成为欧盟的成员国。这是欧盟历史上的第5次扩大,也是规模最大的一次。

经过5次扩大后的欧盟成员国从最初的6个发展到现在的25个,人口

欧盟的疆域取决于现有的欧盟与能够成为
其成员的潜在成员之间能否实现共赢?

约4.5亿,整体生产总值10万多亿美元,经济总量与美国不相上下。

在欧盟内部,建立了关税同盟,统一了外贸政策和农业政策,创立了欧洲货币体系,并建立了统一预算和政治合作制度,欧盟逐步发展成为欧洲国家经济、政治利益的代言人。

今天的欧盟不仅仅是在经济上,在政治上与军事上都实现了"共赢"。

欧盟还在扩张,它的疆域在哪里?即它最终的联盟在哪里终止?这是许多人思考的问题。我想,欧盟的疆域取决于现有的欧盟与能够成为其成员的潜在成员之间能否实现共赢?若能,在未来,这些国家将被纳入到欧盟之中,若不能,它们便在联盟之外。所谓不能实现共赢,即现有欧盟成员与潜在成员的收益是不可改进的。

一旦以这种标准对潜在欧盟成员进行考察就能够确定出欧盟未来的边界。

第8章 联盟分配的共赢解

司马迁曾说:“天下熙熙,皆为利来,天下攘攘,皆为利往。”逐利是人类的本性,结成联盟的人们,归根结底是为了各自的利益,能否在联盟值的分配中实现共赢,是联盟参与人所最终关心的,因此,联盟参与人之间的关系也可说是一种合作与竞争并存的关系,通过竞争性的讨价还价实现由参与人共同创造的联盟值的共赢分配。

本章探讨了几种共赢的联盟值分配方法,每种方法都不是尽善尽美的。也许,完全合理的联盟值分配只是一种理想。联盟,就是一个充满活力、充满能量又包含自我分裂因子的有机体,扩张和瓦解都可能是它的命运,但是,相对于人类单打独斗的低级生存状态,通过联盟共同创造、共同分享机会与价值仍然是个体值得努力的方向。

一、如何分配联盟值:铁矿石谈判的一个分析

人们结成联盟是为了各自的利益,而非为了联盟的利益即联盟值。因此,对于联盟成员而言,他们关心的是如何分配联盟值。在联盟中参与人如何分配才能够实现共赢?

我们将联盟的形成与利益分配分开来分析,而在实际中联盟的形成过程与分配过程是同时进行的:对于任何一个参与人而言,他与其他参与人能够形成某个联盟取决于在这个联盟中能否获得“不可改进的”收益(分配)。若能,他将“加入”这个联盟,若不能,他将“背离”这个联盟。

近年来,我国钢铁业得到了巨大发展,20 世纪 50 年代的“赶英超美”已经成为现实。钢铁生产原料为铁矿石,迅速发展的钢铁业造成了对铁矿石的巨大需求。

我们看到铁矿石企业与钢铁生产企业是一个联盟:没有钢厂,铁矿石企业开采出的铁矿石只是石头,没有铁矿石,钢厂难做无米之炊;只有钢厂得到铁矿石,才能生产出可供出售的钢铁。因此,钢厂与矿山构成一个联盟,双方创造了一个联盟值。

如何分割联盟值?这需要钢铁企业与矿山进行谈判。谈判过程是一个分割联盟值的过程。在这个利益分割过程中,中国钢铁企业没有得到多少收

一个共赢的联盟值分配方法应当满足两个条件：第一，分配方法的成本足够小；第二，联盟不至于被破坏。

益，经济情况好时，铁矿石价格大幅上涨，经济情况不好时，铁矿石价格小幅下跌。在与外国矿山谈判过程中，中钢协一直处于被动局面。

在谈判过程中中钢协之所以屡屡受挫，原因在于：在矿山企业主看来，他们提出的价格能够维持联盟的存在，而中国不可能与其他铁矿石企业形成联盟，也不可能单独行动——不使用国外铁矿石，在他们所提出的价格下，中国钢铁企业总的来说能够获得“不可改进的”收益。当然，这样的结论是在他们“充分研究”的基础上得到的。

而我国钢铁企业有这样的研究吗？我不得而知。若我们有“背离”他们的可能，或者我们的钢铁企业信息不为他们所了解，外国矿山还能够不退让吗？

在谈判过程中谈判者的“力量”来自于选择的可能性，来自于“背离”某个联盟给该联盟中的其他参与人带来的损害；没有选择的谈判者不是真正的谈判者，而是待宰羔羊。

2009 年上半年，中钢协与力拓的谈判处于胶着状态，对方不退让，我们则拘捕了力拓驻上海的四名代表，指控他们犯有间谍罪。联盟面临崩溃。当然，作为理性人的双方当面临联盟崩溃的危险时，一方或双方选择退让，以让联盟继续存在是可行的，但是目前这样的利益分配的“斗争”是不理性的。

什么是共赢的联盟值分配方法？本人认为，一个共赢的分配方法应当满足两个条件：

第一，分配方法的成本足够小；

第二，联盟不至于被破坏。

在联盟的分配过程中，每个参与人到底获得多少收益取决于参与人讨价还价的能力，这是竞争性的。

二、实现共赢的建议分配值

在动物界的联盟里，动物之间是通过"实力"（武力）进行分配的，这种分配可能不公平，但是每个动物必定获得了比在联盟之外的好处要大得多，否则它的本能会"告诉"它离开这个联盟。而理性的人在联盟博弈中如何分配呢？

每个成员应当得到"应得"的份额，然而，对于"应得"的份额，不同的参与人有不同的理解。在联盟存在的前提下，分配是常和博弈：一方的所得，便是其他人的所失。这是冲突性的。每个人都想得到更多。

联盟的分配是联盟中的竞争。然而这种竞争是合作中的竞争，这种竞争是对合作收益的争夺。

理性的人类是通过讨价还价来进行分配的，与上述对动物的分析一样，每个参与人在联盟中所获得收益必定大于单独行动或加入到其他可能的联盟所获得的收益，否则他将离开或加入到其他联盟中去，每个参与人单独行动的收益或加入到其他联盟的收益构成他的机会成本，每个人在这个联盟中的收益大于这个机会成本。这是公共知识。

但是，每个参与人到底获得多少收益取决于参与人讨价还价的能力，这是竞争性的。这是一个耗时耗力的博弈，讨价还价将消耗掉一部分联盟收益，甚至可能的是，讨价还价将使联盟收益耗费殆尽！如何解决这个问题？

低效是讨价还价的缺点。讨价还价是一个“民主的”分配方式，或者说是市场化的方式。每个人的要求都得以表达。然而，在这个常和博弈中，各方的利益存在冲突。

博弈论专家给出了联盟博弈的解，在这些解中，稳定集、纳什解、联盟的核心等均是“实然解”，它们反映了现实中人们讨价还价的情况。我们这里只简单地给出“核心”的解概念。

所谓“核心”是指，某一个分配在核心之中，当且仅当不存在一个联盟能够改进这个分配。即一个在核心的分配不能再获得改进。

如，三个参与人进行联盟博弈，联盟值分别为：

$$v(a,b)=300,\quad v(a,b,c)=300,$$
$$v(b,c)=v(a,c)=v(a)=v(b)=v(c)=0$$

它的核心为：a、b 的分配 $x(a)$、$x(b)$ 满足：

$$x(a)+x(b)=300$$

而 c 的分配 $X(c)=0$.

一群饿汉面对一块蛋糕，折磨人的是在吃蛋糕之前必须花力气争论每人吃多少。很多时候，人与动物一样，通过武力抢夺的方式进行分配；而在规则明确的时候，分配的方式是文明的方式或“君子”的方式——动口不动手。讨价还价便是君子的方式。

讨价还价存在缺点。低效是讨价还价的缺点。讨价还价是一个“民主的”分配方式，或者说是市场化的方式。每个人的要求都得以表达。然而，在这个常和博弈中，各方的利益存在冲突。讨价还价是一个唇枪舌剑、明争暗斗的过程，是一个变相的武力争夺的过程。讨价还价费时费力。甚至会出现达不成的结果、各方不欢而散。

建议值是某个人(参与人或局外人)在可行区间里给出一个他认为的最后分配值,以使某个讨价还价博弈结束。提出建议值的参与人往往是风险与机会并存。因为让步行为和建议行为往往难以分别。

面对一块蛋糕,饿汉中的一个有威望的人说,听我的,平均分配吧,或者他说,饭量大的人多分些。该建议马上被接受,他们吃上了蛋糕。这便是建议的分配。

各方都需要一个值进行成交,只要这个值在这个区间之中的某一点,而不至于太有利于提出者,因他人提不出反对的理由,双方就在这点成交。

建议值是某个人(参与人或局外人)在可行区间里给出一个他认为的最后分配值,以使某个讨价还价博弈结束。

建议值的合适提出者往往是第三人,他的利益与讨价还价的博弈无关,他作为中立者而出现,该中立者出于1. 迅速结束讨价还价过程的"效率因素",以及2. 兼顾讨价还价各方利益的"公平因素",而提出一个建议值。这两点都是讨价还价各方所关心的。

然而,在实际的讨价还价中没有第三方来提出建议值,讨价还价的一方往往为了加快"结束战斗"而充当这个第三方。

提出建议值的参与人往往是风险与机会并存。

提出建议值的参与人面临风险。因为让步行为和建议行为往往难以分别。讨价还价过程中让步是经常的事情,共同让步将使讨价还价的过程趋于结束。然而,建议值的提出其初衷是为了结束讨价还价的艰苦过程,提出者为了表现诚意,建议值往往是让步较大的值,他希望对方能够在此成交的最后值,此时,很有可能的是,对方均将这个建议值看成是对方的让步,而将之看成讨价还价的新起点。若对方看不到这种诚意,而将之看成是一个普通的建议值的提出者作为主动者，其在给出自己的建议值时，以自己的小小的让步换得对手大的让步。

让步过程，从而进行新的讨价还价过程，建议者将迅速撤回，以免自己不利。

对建议值的提出者而言，他面临的是机会。因为：任何主动者都有先动优势，建议值的提出者作为主动者，其在给出自己的建议值时，该值对自己是有利的，以自己的小小的让步换得对手大的让步，并最后成交。

建议值往往以“最后的让步价”出现，建议值的提出者说，这是我最后的让步，言下之意是，若你不接受这个价格，那么，谈判就破裂。这是一个威胁。面对这个威胁，对方或者妥协，接受这个结果，这是威胁者所希望的结果；或者不接受这个结果，认为这是不可信的威胁，试图继续讨价还价，结果可能是谈判破裂——如果威胁者确实是最后的让步的话，也有可能威胁者让步，如果这个威胁不是可信的威胁。

任何一个讨价还价过程的结束无非是下面两种情况中的一种：1. 一方让步，以对方的价格成交；2. 各方让步，以建议价成交。以建议价成交，更能够为双方接受。在讨价还价中，参与人方法得当，能够节省讨价还价成本，并且分配之和为联盟值，从而保证联盟的持续存在。这是一个“共赢”的方法。

三、夏普里值：公平分配的建议解

博弈论专家希望能够找到一个理论，该理论能够给出联盟博弈的“解”，整个解是唯一的。夏普里（L. S. Shapley）在 1953 年的论文“n 人博弈的一个参与人从联盟中获得利益的多少，取决于或正比于他对联盟的贡献或可能贡献（期望贡献）。夏普里值便是这样的期望贡献的反映。

值（A Value for n-Person Games）"中进行了这种尝试。

某个参与人加入到某个联盟后不能给该联盟带来任何利益，该参与人便不为这个联盟所欢迎。因此，某个参与人之所以能够与其他成员形成某个联盟，是因为他的参与能够给联盟带来"附加值"。这样的附加值便是参与人的"贡献"。这样，一个自然的思路是，参与人从联盟中获得利益的多少，取决于或正比于他对联盟的贡献或可能贡献（期望贡献）。

夏普里值便是这样的期望贡献的反映。

想象一个最简单的两人联盟的情况：

假定两个参与人 A、B 单独行动的收益为 0，而联合行动的收益为 c，即：$V(A)=V(B)=0$，$V(A,B)=c$。这样，A、B 对联盟值 C 都有贡献。在 AB 顺序下，A 的边际贡献为 0，B 的边际贡献为 c；在 BA 顺序下，B 的边际贡献为 0，A 的边际贡献为 c。这样在这两种可能的情况下，A 和 B 的平均贡献或者期望贡献为：$(0+c)/2=c/2$。若按照这样的方案分配，它是可理解的，两人的期望贡献均为 c/2，分配也应该一样，为 c/2。

对于 A、B，值 $\Phi(A)=\Phi(B)=c/2$ 便是他们的夏普里值。

让我们举一个例子来说明什么是夏普里值。幼儿园老师会给小朋友讲"小老鼠拔萝卜"的故事：地里有一个大萝卜，爷爷去拔，拔不出来，就叫来奶奶，奶奶和爷爷两个人一起拔，也不行，又叫来爸爸，还不行，就叫来妈妈，还不行就叫来哥哥、姐姐、弟弟、小狗、小花猫，大家连成一串还不行，又叫来小老鼠，小老鼠一用力，萝卜就拔起来了，于是小老鼠得意地说，都是我的力气大才能拔起萝卜。

说完全是小老鼠拔起了萝卜当然是不正确的，那么，小老鼠对萝卜的拔起贡献是多少？

人们会说，它的贡献当然微乎其微，因为小老鼠的力量那么小。比如，小老鼠的力量是大人们的10分之一，它与某个大人相比，它的贡献只是某个大人的10分之一。这个说法对吗？

在这个拔萝卜的故事中，爷爷一个人拔萝卜，萝卜纹丝不动，他的边际贡献为0；奶奶加入后，萝卜仍不能被拔出，奶奶的边际贡献也为0；爸爸、妈妈、哥哥、姐姐、弟弟、小狗、小花猫都一样，他们的边际贡献均为0。小老鼠加入后，萝卜被拔出了，小老鼠的“边际贡献”为“1个萝卜”。这里，小老鼠的边际贡献为1个萝卜，而不是整个贡献——单他自己是拔不出这个萝卜的。在这个故事中，共有10个“人”参与拔萝卜，这10个“人”爷爷、奶奶、爸爸、妈妈、哥哥、姐姐、弟弟、小狗、小花猫、小老鼠形成一个“联盟”，这个联盟的联盟值为“一个萝卜”。

在这个例子中，联盟参与人排列顺序依次为：爷爷、奶奶……小花猫、小老鼠。因为“特殊的”排列顺序，其他人的边际贡献为0，小老鼠的边际贡献为1个萝卜。小老鼠处于最后位置，这只是一个特殊排列情况，这个排列情况是“偶然”形成的。那么，什么是“必然的”呢？必然的情况是：要拔起这个萝卜或与之一模一样的萝卜：这10个“人”可以处于任何一个位置，并且一个“人”都不能少！因此，要考虑小老鼠的贡献到底有多大，必须综合考虑所有夏普里值:在一个联盟博弈中,某个参与人在各种可能的参与人组成的排列中与前面的参与人构成的联盟的期望贡献的平均值。

的情况。

假定小老鼠的力量是最小的,即任何9个"人"都不能将萝卜拔出来。这10个"人"的排列个数为10!,这样,任何一个排列中,前9个"人"都不能将萝卜拔出来,只有第10个"人"才能够将萝卜拔出来。而每个"人"处于最后的次数相等。因此,在这个例子中,我们看到,每个"人"的"平均贡献"相等,均为1/10。也就是说,在这个拔萝卜的过程中,每个"人"的平均贡献相等均为1/10。

人们编这个故事目的是为了嘲笑小老鼠,但我们读这个故事时会走向另外一个极端,想当然地认为,小老鼠对萝卜的拔出几乎没有贡献。通过这里的分析,我们给出这样的看法:小老鼠的贡献与大人的贡献一样。

1/10即为拔萝卜活动中每个人的夏普里值——每个人包括小老鼠在拔萝卜活动中的平均期望贡献。

夏普里值:在一个联盟博弈中,某个参与人在各种可能的参与人组成的排列中与前面的参与人构成的联盟的期望贡献的平均值。

再看一个例子。三个参与人A、B、C,各个联盟的特征值为:

$$V(A,B)=200,\quad V(A,C)=150,\quad V(B,C)=100,$$

$$V(A)=V(B)=V(C)=0,$$

$$V(A,B,C)=250$$

在联盟博弈的分配问题上首先得确定什么是“公平的分配标准”？

表 8-1 ABC 可能的排列与边际贡献

排列	ABC	ACB	BAC	BCA	CAB	CBA
A	0	0	200	150	150	150
B	200	100	0	0	100	100
C	50	150	50	100	0	0

在这个例子中，A 的边际贡献之和为 650；B 的边际贡献之和为 500；C 的边际贡献之和为 350。

这样，A、B、C 的夏普里值分别为：C(A) = 650/6，C(B) = 500/6，C(C) = 350/6

我们时常听人说“这不公平！”、“这很公平！”。那么，什么是公平？公平是相对于某个共同认可的标准而言的。在联盟博弈的分配中也一样。在一个联盟博弈中，对同一个分配方案，一方认为“公平”，另外一方可能会认为“不公平”，原因往往在于双方参照的标准不一样；若参照同样的标准，两人会得到一样的结论：或者都认为公平，或者都认为不公平。

因此，在联盟博弈的分配问题上首先得确定什么是“公平的分配标准”？成员的夏普里值反映了该成员对联盟的期望贡献，分配应当等于期望贡献。认可这样的标准的条件下，按照该值进行分配，便是公平的；若不按照这样的值来进行分配，便是不公平的。

任何联盟的形成过程中都伴随谈判，联盟博弈中既有合作又有竞争。在谈判中双方的策略是尽量找出理由说服对方，自己的要价是合理的。

四、“理由—结果”解

任何联盟的形成过程中都伴随谈判，因为联盟要分配可转移的联盟值。联盟博弈中既有合作又有竞争。

假设一个联盟必定形成，或者说联盟中的每个成员能够获得在其他联盟中所获得不了的收益。在这样的公共知识下，联盟各方接下来的工作是就联盟分配展开谈判。这是一个常和博弈。

我们假定谈判的对手是两个参与人。这两个参与人是“理性的”。这里，理性的含义是：在联盟不破裂的情况下，每个成员最大化自己的收益。这里，维持联盟的存在是双方的“共同意愿”，这个共同意愿是双方的公共知识——这决定了联盟博弈的合作性质；联盟的每个成员的意愿是争取自己的最大利益——这决定了联盟博弈的竞争性质。

谈判博弈的一个特点是，一个利益分割协议之达成需要各方“共同同意”。如何使对方能够同意我提出的对我有利的方案，便是谈判方力图要做的。

既然双方都是理性的，在谈判中双方的策略是尽量找出理由说服对方，自己的要价是合理的。在这个过程中，这样的理由首先要说服自己。

假定联盟成员为A、B，他们分割联盟值V。各自声称的分配值分别为x，

y, $0 \leqslant x \leqslant v$, $0 \leqslant y \leqslant v$。若双方声称的分配值之和小于或等于联盟值时,无需讨价还价;在等于 v 的情况下,双方的要价即为最终分配,也无需讨价还价,也不存在任何“争议”;在小于 v 的情况下,此时双方或者出于“谦让”(与理性人假设不一致),或者出于对对方要价的不了解,此时按照要价进行分配,争议也不会发生,并且存在改进的可能,双方最后的分配比他们所要价要高。

当双方要价之和大于联盟值,即 $x+y>v$,讨价还价便发生了。讨价还价的过程是一个要价接近最终的分配 x^*、y^* 的过程。而这个最终分配之 x^*、y^* 之和等于联盟值 v,即 $x^*+y^*=v$。

谈判是如何进行的?

谈判开始时,双方均会漫天要价。此时一个可行的谈判区间被确定。接下来的过程是一个给出支持自己提出的方案的理由,并反驳对方给出的支持对方方案的理由的过程。

严格地说,参与人应当得到的分配结果 O 与其理由 R(R 是一个集合,$R=\{r_1,r_2,\cdots,r_n\}$)之间应满足这样的关系:

$$\frac{r_1,r_2,\cdots,r_n}{O}$$

即 R 构成前提,O 是结果。

例如,多个股东按一定的股份比例投资成立一个公司,该公司年底分红。在按股份多少进行分配这个预先约定,以及各自的股份比例是确定的这两个前提下,一个确定的分配结果得以演绎性地给出。

在任何讨价还价的博弈中，讨价还价过程是一个给出对自己有利的理由并反驳他人的理由的过程，给出理由的过程即是压缩他人分配的过程。

在上述例子中，结果是唯一确定的。在许多其他情况下，我们没有那么幸运。一般地，由前提 R 得到的结果或者构成一个结果区间，或者为空集即无解。并且更有可能是空集。因为每一方都会给出有利于他的分配理由。

在中国与俄罗斯关于“黑瞎子岛”的谈判中，我们给出理由说，黑瞎子岛属于中国，因为历史上它属于中国，并且中国与俄罗斯在历史上没有签订任何条约哪怕是不平等条约出让黑瞎子岛；而俄罗斯也会给出它的理由，如，他们可以说，“黑瞎子岛现在在我们手里”，或者“张学良曾经不公平地对待我们”，而坚持它属于俄罗斯。考虑我们的理由以及俄罗斯的理由，分配是无解的。

这样，在任何讨价还价的博弈中，讨价还价过程是一个给出对自己有利的理由并反驳他人的理由的过程，给出理由的过程即是压缩他人分配的过程。也就是说，理由是压缩对方所得份额的力量(power)。若一方的理由多而有力，在博弈中他得到的多，反之则少。[①]

因此，在联盟博弈之前，参与人必须准备足够的理由，这些构成谈判的力量；同时要设想对方各种可能的理由，并准备攻击这些理由。

一个极端的情况是，若一方拥有所有的理由，而另外一方没有任何理由，

① 如2008年力拓在与中钢协的谈判中就提出所谓的“海运费差价”的理由：澳大利亚离中国的距离比巴西近，因此，它的铁矿石要贵过巴西淡水河谷。即其海运费差价应当由澳大利亚与中国钢铁企业“共同分享”。

在联盟博弈之前，参与人必须准备足够的理由，这些构成谈判的力量；同时要设想对方各种可能的理由，并准备攻击这些理由。讨价还价是"理由的角力"。

此时分配权掌握在拥有这些理由的一方手里，没有任何理由的一方只有任人宰割。

因此，讨价还价是"理由的角力"。

从这个意义上说，任何一个讨价还价博弈都是个案。

若"理由—结果"即R-O之间的关系是演绎的，那么，在给定的前提下参与人的分配方案是唯一的。但在许多联盟博弈中，我们往往不能得到这样的演绎关系，而是一个归纳性关系。这样的归纳性关系使得分配是一个区间，而非一个确定的值。这也是许多社会科学家以及博弈论专家所试图解决的（夏普里所给出的就是唯一的分配方案）。

在上述R-O图式中，一个事实构成理由r满足两个条件：1. r是相关的——与分配结果有一定的逻辑关系；2. r是真的——即它是实际存在的事实（也包括群体约定而为真的事实）。R是所有满足这两个条件的事实所构成的集合。

若某一方的理由不成立，那么该方案便是不合理的，因而被其他参与人斥之为"无理要求"。他应当退让或妥协。因此，在谈判过程中，人们往往不是简单地说对方的要求是"无理的"，而是通过指出对方给出的理由不成立而认为对方的要求是不合理的。

若自己提出的理由站不住脚，那么他只有妥协。当然，他也可以不妥协，可以攻击对方，但若这样的攻击是没有理由的，也就是无力的。

一个有效的攻击方法是，他可以指出对方与他有同样站不住脚的理由，实际的分配与理想的分配之间可能存在差别,原因在于实际的理由集和理想的理由集之间存在差别:实际分配的理由集中可能包含虚假的理由,但博弈参与人没有能够对之进行反驳,也可能的是,有更好的理由没有被给出。

因而证明若他的要求不合理,对方的要求同样不合理。这样,他可以妥协退让,对方也应妥协退让,这样,他在一定程度上维护了该方案。

理由构成支撑分配的条件。谈判方尽力给出理由,其中不乏“虚假理由”。所谓虚假理由是,若它是真的,那么它是对分配的一个支撑,但这样的理由不是真实的。在分配的博弈中人们考虑的是利益,此时无道德而言,“说谎”是经常的事情。给出虚假的理由是一个成本低但有价值的“言语行为”,这往往会给对方出难题。对方要花精力指出这些理由的不真实,这并非总是那么容易的。

这样,所有不可反驳的理由共同构成一个实际理由集合 R’,它决定实际的分配。实际的分配与理想的分配之间可能存在差别,原因在于实际的理由集和理想的理由集之间存在差别:实际分配的理由集中可能包含虚假的理由,但博弈参与人没有能够对之进行反驳,也可能的是,有更好的理由没有被给出。

其实,上述的按照夏普里值的分配也是一个“理由—结果”分配,这里的理由是“期望贡献”。

现实中通过理由而得的分配尽管不一定是理想的,但它是理性的,各方坐下来通过辩护与反驳进行分配总比通过武力进行分配要好。

在许多联盟博弈中，分配是按照比率来进行的；按照惯例即是确定这个比率。

五、惯例分配法

若无其他理由，惯例便是理由，并且是很强的理由。所谓惯例指的是人们的通常做法，这个通常做法可能是发生在历史之中的。按照惯例进行分配即按照人们通常的分配模式或分配比例来进行分配。

某个联盟，乍一看似乎是全新的，但细细分析可以发现，它能够被归为某类。一般来说，现实中的任何一个联盟都可以找到一个“类”，它属于该类。若某个联盟为某类联盟中的一个，参与人自然会想到，参照以往的做法来进行分配。以往的做法便形成一个传统，传统便构成一个影响未来的力量。联盟是传统中的联盟，在某个领域中，我们经常说，行有行规，指的便是这个意思。

在许多联盟博弈中，分配是按照比率来进行的；按照惯例即是确定这个比率。

人们参照惯例来进行分配，但这不是说，人们不能改变惯例。很可能的是，人们会认为惯例不甚合理，或者说对自己不公平，他们往往提出对自己有利的分配方案，从而打破惯例。这是向传统挑战，参与人必须有强有力的理由才能获得成功。一旦获得成功，这个成功案例便成为传统中的一部分，也成了一个新的惯例。

若联盟中的某个或某些成员的收益过低——低于他或他们在其他联盟中的可能受益，他或他们将背离这个联盟，而由于他或他们的背离，联盟中的其他成员的收益降低，那么此时的分配便是不合理的。

根据惯例的一个解当然是一个“合理解”：它在“核”之中，即不存在一个对所有的人都能够有改善的“占优”解。

惯例法的优点明显，因为它几乎没有谈判成本。但也有缺点：不能给出为什么这样分配而不是另外的分配的理由。

六、联盟分配的改革

在现实中联盟值的收益分配有多种形式，在其中体现了成员之间的角力。而成员讨价还价的主要力量，来源于他在该联盟之外其他联盟中的收益大小。因为其他联盟中的收益构成他背离的激励。

对于分配，联盟成员可能抱怨“不公平”。但是，只要“每个成员”在联盟中所实现的收益即分配，大于其在其他可能的联盟中的分配，那么这种分配就是合理的。这样的分配能够维持联盟的存在。

若联盟中的某个或某些成员的收益过低——低于他或他们在其他联盟中的可能受益，他或他们将背离这个联盟，而由于他或他们的背离，联盟中的其他成员的收益降低，那么此时的分配便是不合理的。此时需要对联盟分配进行改革。

这种分配往往在不是结盟时就是不合理的。在结盟时，得到成员认可的分配是合理的，即每个成员在联盟中得到了在其他地方得不到的收益，否则对联盟的分配进行改革是为了保证每个成员的最大利益，然而，这个改革是有限度的。

参与人不愿意结成这个联盟。但是，世事无常，因为局势的变化，尤其是其他联盟的变化：某个成员背离该联盟而选择其他联盟能够得到更多，他或他们将背离该联盟。

对联盟的分配进行改革是为了保证每个成员的最大利益，然而，这个改革是有限度的。因外界因素的变化，一旦联盟无法给予某个或某些成员与在其他联盟中相当的收益时，他或他们将背离这个联盟。这个联盟将“收缩”；若该联盟发生成员大规模离开现象，该联盟便瓦解。在现实中，联盟的收缩与瓦解如同联盟的扩张一样是经常发生的正常现象。

第9章 创造联盟

相对于生物界不同物种的共生关系,人与人之间的联盟是一种社会关系的构建,这种社会关系的构建远比出自于物种保存本能的共生关系复杂得多,其组织形态也精巧得多。人类的智慧不光在于能够有意识地创造联盟,更能够发明、设计种种的方法、机制来建立有效的、有益的、稳定的联盟。

从现在开始,在你的脑中植入联盟思维。

若要成功,你需要创造联盟。这有两个方面的意思:或者你与他人联盟,创造单个人不能创造的价值;或者组织他人形成联盟。

一、发挥你的智慧:创造联盟

三国时的孙权说:“能用众力,则无敌于天下矣;能用众智,则无畏于圣人矣。”政治家的智慧在于善于使用“众力”和“众智”。为此,政治家要做的是建立能够发挥众人的力和智的联盟。政治如此,其他行业也如此。

若要成功,你需要创造联盟。这有两个方面的意思:或者你与他人联盟,创造单个人不能创造的价值;或者组织他人形成联盟。

你的聪明才智可以体现在你所从事的各个行业之中。若你是从事科学研究的科学家,你的创造性体现在理论的创新;若你是管理者,你的创造性体现在确定或改进资源配置的方法,使资源发挥最大效益;若你是技术人员,你的创造性则体现在你找到了解决问题的新工艺或新方法……

我们生活在社会之中,我们不得不与他人打交道。当因我们的创造性劳动,一个联盟诞生了,这个联盟有额外价值。我们有成就感:因为这样一个联盟本来是潜在的,联盟的价值也是潜在的,因我们的劳动,它现实化了,我们创造了价值。

商人们之间的合作便是建立这样的联盟。在商人的头脑中,时刻在思考着如何与他人合作。我们看到,职业特性使他们拥有“联盟思维”。成功的商人便是能够建立联盟的人。

商人一方面试图建立更大的价值联盟，因为只有这样他才能得到更多；另外一方面试图在他人看不见的地方创造联盟，若这样的联盟是任何人都能够看到的，联盟创建者是可替代的，他在联盟形成中的作用不大，若一个商人能够在他人看不到的地方建立价值巨大的联盟，其作用完全归功于他。

构建联盟即实现“1 +1 >2”。用联盟术语来说，A、B 通过集体行动或联盟即“A + B”，其联盟值 V(A + B)大于单个行动的联盟值 V(A)、V(B)之和，即：V(A + B) ≥V(A) + V(B)。

在这个联盟中，每个参与人都是“必需的”，或者说都有贡献，即他的加入，满足“1 +1 >2”。某个成员若无贡献，他的参与将无意义，因而不可能被结合进联盟之中。

每个成员通过该联盟获得了比参加其他联盟或不参加任何联盟多的利益。当然，在一个联盟中各个成员到底获得多少取决于多种因素。这是分配问题。

因此，联盟创建者一方面要确定有额外价值的联盟成员，另外一方面要协调利益，预先确定联盟形成后的分配。由此可见，建立联盟不仅需要智慧，需要恒心，还需要超强的运作能力。

商业活动如此，其他领域亦如此。一个成功的人是善于建立联盟的人。从今天起，在你的脑中植入“联盟思维”，它将助你成功。

提供同种产品的企业同样可以有意识地通过建立联盟，将市场做大。即他们能够从分蛋糕到做蛋糕。

二、联盟创造利润

在第3章中，我试图表明，面对同一市场、提供同种产品的企业间的竞争尽管是囚徒困境，但由于对方的存在对自己是有利的，因而存在合理竞争与恶性竞争之分。在这些例子之中，多个企业的存在使得市场这块蛋糕变大。

提供同种产品的企业同样可以有意识地通过建立联盟，将市场做大。即他们能够从分蛋糕到做蛋糕。

企业建立联盟是有条件的，这个条件便是：订立协议、建立联盟的联盟值大于单独行动。如：若某个市场上两家企业A、B共同开发市场比单个企业开发市场有利，其条件是：$V(A,B) \geqslant V(A)+V(B)$。其中，$V(A,B)$为A、B企业共同开发市场时双方的收益之和，$V(A)$、$V(B)$分别为A、B单独开发市场所得到的收益。

提供同种产品的企业相互合作的形式能够有多种。比如：混乱的企业在行业协会或某个大企业的引导下，统一某些技术标准，大家共同使用这些标准。这样，或者大家的成本降低，或者市场扩大了。再如，提供同种产品的不同企业，它们的优势可能不同，若这些不同优势的企业联合起来，共同开发某种产品，其竞争力往往更大。

不同类型的企业相互合作往往更能成功。因为同类型的企业冲突度往企业家的创造性体现在,他们能够在他人看不到的地方建立联盟。

往大,不同类型的企业之间往往没有冲突。

企业家的创造性也在这里体现,他们能够在他人看不到的地方建立联盟。

今天在中国各大城市,麦当劳餐厅到处可见。它的成功因素是多方面的,然而其中一个重要因素便是“构建联盟”。

商人考虑的是如何将生意做大,然而,任何商人都会面临这样的困境:他的财力是有限的、经营能力也是有限的。没有解决这个困境的普遍路径,对之的不同解决方案体现了商人的智慧。你可以说,可通过资本市场融资嘛,现今的金融市场确实给商人提供了弥补财力不足的手段,其条件是你所经营的业务确实具有独特性——或者因为技术或者因为管理,资本与你的独特性相结合能够产生高于“资本社会平均收益”的收益,否则你没有理由融到资,或者尽管因某种因素你融资成功,你的企业也不能持久,因而不能为社会作出贡献。社会的发展能够给有能力的人提供越来越多展现自身能力的机会,这似乎是规律。

企业有足够的资本与技术不一定必然成功,成功还取决于管理。如何突破经营能力的局限?

我们看麦当劳是如何成功的。麦当劳公司成立于20世纪50年代。它的前身为麦当劳兄弟1937年在美国的加利福尼亚州开设的一家汽车餐厅。为了使生意做得更大,麦当劳兄弟产生了以特许加盟的方式经营连锁店的想法,并作出了尝试。然而,因为权利和义务没有规定明确,那些付了一定的加麦当劳的经营策略是：通过获得特许经营人——即加盟者——支付的加盟费以及营业额的一定百分比而获利。

盟费的加盟店，其经营没有遵循麦当劳的经营管理制度，结果使麦当劳的形象和声誉受到损害，麦当劳兄弟的尝试失败了。50 年代，雷·克罗克看到了麦当劳特许加盟和连锁经营的发展前景，他得到麦当劳兄弟的授权，负责麦当劳特许经营权的转让事宜。此时，麦当劳公司成立了。60 年代初，雷·克罗克买下了麦当劳公司的所有权，并且大刀阔斧地改进了特许加盟和连锁经营制度，使麦当劳得到迅速发展。

麦当劳的经营策略是：通过获得特许经营人——即加盟者——支付的加盟费以及营业额的一定百分比而获利，加盟者则从餐厅的经营中获利。特许经营人可以自己招聘员工，控制经营费用，并利用麦当劳完备的供应商系统和分发中心进行运作。

麦当劳的特许加盟和连锁经营制度具有以下特点：第一，统一加盟条件并严格挑选加盟商；第二，统一企业名称、标识与广告宣传；第三，统一产品质量、服务规范、作业程序与员工培训，等等。

我们看到，麦当劳总部与加盟者之间构成一个合作性的联盟：希望加盟者加入到麦当劳的行列中来能够获得确定的利益，而麦当劳总部获得加盟费以及分得一定的经营利润。当然，双方都有义务：加盟者遵守总部规定的各项标准，而麦当劳总部要维护并提升麦当劳的品牌价值、改进管理措施、提升产品质量等等。

如果你是从事企业经营管理的，看了麦当劳的成功，你有何感想？

要与他人建立联盟，有如下四步要做到：第一，了解自己：了解自己的长处与短处，了解自己的短处才能补短；第二，确定需要联盟的人才类型，这种人才往往用来补已之短；第三，寻找与发现需要的人才类型；第四，商谈以建立人才联盟。

三、人才联盟

人与人之间能够通过合作而获得成功，而这种合作分暂时的和永久的两种。人与人之间的合作是特殊的联盟——“人才联盟”。

人各有其长，也各有其短；不同的人的能力体现在不同的方面，当然不同的人也有不同的短处。不同才能的人通过“人才联盟”发挥各自的长处、避开自己的短处。

要与他人建立联盟，有如下四步要做到：第一，了解自己：了解自己的长处与短处，了解自己的短处才能补短；第二，确定需要联盟的人才类型，这种人才往往用来补已之短；第三，寻找与发现需要的人才类型；第四，商谈以建立人才联盟。

人活一世，每个人都希望获得成功。我们都清楚，我们若要成功，需要将自己独特的能力发挥出来。如何发挥自己的能力？首先要“自知”或“认识自己”，即知道自己的长短。

不同的人的能力往往体现在不同方面，人们应当展现自己的能力。有的人“手巧”，善于从事操作性的工作；有的人“嘴巧”，善于表达，合适的工作当然是公关；有的人熟悉人事的技巧，适当的行业是管理……即使在同样的方面，人的能力也存在差别，如刘邦和韩信都是管理的天才，但刘邦善于“将尽管我们在某个方面的才能可能比较突出,但是这种相对的“比较优势”只是程度上的,它不是稀缺性资源,因而不能保证我们必定成功。我们需要与具备其他能力的他人“合作”才能使我们的相对比较优势发挥出最大效力来。

将”,而韩信善于“将兵”。知道自己的长处和短处,是发挥长处、避免短处的前提。人们常常感慨,生不逢时,有才而不能用之被说成人生的悲哀。殊不知,人生的最大悲哀是,不知自己的能力在哪里,以自己的短处生存一世。

对自己的才能有了自知之后,我们要寻求机会展示自己的才华,我们不能等待他人的发现。“千里马常有而伯乐不常有”,感慨自己怀才不遇不是好的心态。没有人应对你的才能浪费负责,世上有才能的人被浪费是常事,庸人处于高位而误国误民也是常事。因此,如果你认为自己在某个方面有才能,应抱着“天生我才必有用”的积极心态,争取机会,以多种形式如“毛遂自荐”使自己的才能得以展现。

然而,尽管我们在某个方面的才能可能比较突出,但是这种相对的“比较优势”只是程度上的,它不是稀缺性资源,因而不能保证我们必定成功。我们需要与具备其他能力的他人“合作”才能使我们的相对比较优势发挥出最大效力来。

刘备在没有诸葛亮辅佐之前,戎马半生,但颠沛流离,无所建树。他有其长处:有理想——光复汉室,有背景——汉室宗亲,有德行——宅心仁厚。他的短处是谋略不足,他的身边也无这样的人才。他在高人指点之下,三顾茅庐,将诸葛亮请出了山。

三顾茅庐之后,刘备在诸葛亮的辅助下,通过拼杀,终于执鼎于一足,成就霸业。刘备对诸葛亮敬重有加,举世皆知,是诸葛亮的“明君”,诸葛亮因刘备而享名于世,成为智慧的化身;诸葛亮对刘备鞠躬尽瘁,死而后已,尽心诸葛亮与刘备是人才联盟的典范，之所以成为典范一方面在于他们间的合作是成功的，创造了一个很大的联盟值；更重要的是，他们间的合作是有善终的。

尽力辅助刘备、刘禅。

我们通常说刘备请出了诸葛亮，诸葛亮的智慧帮助刘备成就了一番霸业，因此，刘备赚了“便宜”。这不完全正确。诸葛亮遇到刘备，他同样赚了便宜。诸葛亮在刘备三顾茅庐之前，则是“躬耕于南阳”、“苟全性命于乱世”。刘备三顾茅庐后，刘备的大度、刘备的威望以及刘备的兵马等资源成就了诸葛亮，诸葛亮得到了施展能力的舞台。

在诸葛亮与刘备的人才联盟中，诸葛亮是被动的，刘备则是主动的。诸葛亮与刘备是人才联盟的典范，之所以成为典范一方面在于他们间的合作是成功的，创造了一个很大的联盟值；更重要的是，他们间的合作是有善终的。朱元璋与刘伯温之间的人才联盟、刘邦与韩信之间的合作均是成功的，通过合作打下了天下，他们间的联盟也是相对持久的，但他们的联盟没有善终。正如范蠡所说：“飞鸟尽，良弓藏；狡兔死，走狗烹。”

现代企业希望造就一个平台，在这个平台上，各种能力的人尽现自己的才华，他们互相配合，既为自己，也为他人。员工希望找到能施展自己才能的企业，而企业也在寻找有能力的员工。然而，不同的人适合不同的工作环境，不同的企业给员工不同的舞台。因此，对每个人而言，找到适合自己的工作（企业）是一生的梦想。对企业而言，找到合适的员工，也是企业的愿望。然而，事实上，很可能的是，许多人一生都在转换工作，有些人虽然一生都在一个单位从事一项工作，但退休后发现自己并不适合该项工作。企业也少有不离不弃的员工，所谓铁打的营盘流水的兵。因此，无论是个人还是企业都在正因为存在变化的可能，因而存在合作的不确定性，即存在有合作转变为不合作的可能。最佳合作者往往要订立协议，以保证这种合作关系的持久性。

寻找最佳合作伙伴。

当然，参与人之间的匹配优劣处于变化之中，一段时间后，原来是最佳伙伴的参与人之间的合作不再是最佳的。原因或者是参与人自身状态发生变化，或者是合作的环境发生变化，原来为最佳合作伙伴的一个或多个参与人发现，此时的联盟不是最佳的，存在可形成最佳合作伙伴的其他参与人。

当然，正是因为环境的变化或参与人之间的变化，原来不能形成最佳合作伙伴的特定参与人之间也能够形成最佳合作伙伴。

正因为存在变化的可能，因而存在合作的不确定性，即存在有合作转变为不合作的可能。最佳合作者往往要订立协议，以保证这种合作关系的持久性。

四、建立约定以限制冲突

在某些情况下，参与人能够通过某些“约定”来避免或降低联盟成员的冲突。

秦朝末年，各路反秦英雄纷起，刘邦与项羽是反秦的主力。他们的目标是推翻秦朝统治，之后成为新的统治者。他们之间是联盟关系，他们的合作能够加强双方力量。然而，皇位只有一个，项羽与刘邦在未来必定是“零和博弈”，若考虑未来的冲突性关系，他们的理性行为是现在就消灭对方；然而，若现在发生冲突，鹬蚌相争，渔翁得利，获胜的一方会被秦军消灭，因此，他们的在某些情况下,参与人能够通过某些“约定”来避免或降低联盟成员的冲突。

内斗将使他们走向灭亡,更不用说推翻秦朝统治了。为了“大局”,楚怀王为刘邦、项羽进行约定:“先入定关中者,王之”。

这个约定在当时是有效的,这个约定使得刘邦和项羽团结起来共同反秦。通过约定,双方维持一个暂时的抗秦联盟。当然,尽管刘邦先破咸阳,但因刘邦的实力不敌项羽,他并没有按照约定称王。

另外一个例子为,在教皇仲裁下,西班牙和葡萄牙于1494年签订规定各自的势力范围的协议。1492年哥伦布到达美洲,这是一个标志性的事件,此后,当时的两大海上强国西班牙、葡萄牙在争夺殖民地、市场和掠夺财富过程中发生冲突。为缓和两国冲突,教皇亚历山大六世出面调解,并于1493年5月4日作出仲裁:在大西洋中部亚速尔群岛和佛得角群岛以西100里格(1里格合3海里,约为5.5千米)的地方,从北极到南极划一条分界线(史称教皇子午线),线西属于西班牙人的势力范围,线东则属于葡萄牙人的势力范围。根据这条分界线,美洲及太平洋各岛属西半部,归西班牙;而亚洲、非洲则属东半部,归葡萄牙。葡萄牙国王若昂二世(1481—1495在位)对此表示不满,要求重划。1494年6月7日西、葡两国签订了《托德西利亚斯条约》,将分界线再向西移270里格,巴西即根据这个条约被划入葡萄牙的势力范围。

当麦哲伦的船队抵达摩鹿加群岛(今马鲁古群岛)以后,西、葡两国因为该群岛的归属问题又发生了争执。1529年双方又签订《萨拉戈萨条约》,在摩鹿加群岛以东17°处再划出一条线,作为两国在东半球的分界线,线西和线东分别为葡萄牙和西班牙的势力范围。

什么样的合作联盟能够形成？一个自然的结论是，那种给联盟中的成员带来最大收益的联盟才能够形成，并且这样的联盟是稳定的。

在这个例子中，教皇的约定使得西班牙、葡萄牙"暂时"的冲突度为0，两个强盗国家首次瓜分了整个地球，疯狂进行殖民掠夺。

在以前的章节中我们已经说明，约定不同于协议，约定没有约束力，而协议则有。当对约定的违反能够给参与人带来好处时，参与人往往违反约定。但是，在某些特殊情形下，建立约定不失为一个消除冲突的方法，尽管有可能是暂时的。

五、建立"绝配"

无论是个人还是作为组织的企业——这些都是理性决策者，在许多情况下往往要寻求最佳合作伙伴。任何一个人在特定的情形中往往有多个潜在的合作伙伴，什么样的合作联盟能够形成？一个自然的结论是，那种给联盟中的成员带来最大收益的联盟才能够形成，并且这样的联盟是稳定的。

一般而言，无论是个人还是组织均努力寻找能带给自己最大收益的成员以结成联盟。这没有错。但这种行为往往难以成功，或者即使成功了，也难以长久。因为与我们结成联盟的联盟方，他同样也在寻求能够给他带来最大利益的结盟方。因此，正确的做法应当是寻求与己相关的最佳联盟。在这样的联盟中每个人的收益是最大的，这样的联盟也才是稳定的。订立盟约时无须约定背离联盟的惩罚，因为这样的联盟中的成员不会主动背离这个联盟。

应当寻求与己相关的最佳联盟。在这样的联盟中每个人的收益是最大的,这样的联盟也才是稳定的。这样的联盟就是我们通常所说的“绝配”,或者说“天造地设”。

只有当联盟为不稳定的联盟时,成员才有主动背离的可能。

这样的联盟就是我们通常所说的“绝配”,或者说“天造地设”。

在联盟博弈中,一些参与人能够通过与他人建立协议、结成行动联盟而获得比其单独行动要大的好处。在这样的博弈中,可能是所有人形成一个大的联盟,可能是形成多个联盟,可能只是其中两个参与人形成一个联盟,而其他参与人均在联盟之外……什么样的联盟能够形成?

联盟形成取决于三个因素:第一,博弈结构;第二,信息结构;第三,博弈规则。这里的博弈结构指的是,联盟博弈的参与人个数,各个可能的联盟特征值。信息结构指,关于博弈结构的知识分布。博弈规则指的是,联盟形成的方式。

根据联盟博弈的信息结构,我们可以把联盟博弈分为两类:完全信息联盟博弈和不完全信息联盟博弈。

所谓完全信息联盟博弈指的是,博弈结构是所有参与人之间的公共知识,即各个可能的联盟特征值是参与人的公共知识;否则是不完全信息博弈。

若某个联盟博弈是完全信息博弈——各个可能的联盟值是公共知识,那么,联盟在讨价还价中形成。此时,讨价还价的一个作用是获得关于他人耐心、性格等信息。耐心、性格等是软信息。

若联盟值不是公共知识,情况将变得复杂。参与人不能通过事先的计算获得最佳联盟的知识,从而指导他与谁讨价还价并结成联盟。参与人所做的则是通过一步步学习而形成联盟,此时的联盟充满着“错误”与“偶然”。当某个规则下,参与人能够形成最佳联盟,或者说错误的机会较少,我们称此时的规则是高效率的;若某个博弈规则下,最佳联盟往往难以形成,或者说形成的联盟往往是低联盟值,我们则称它为低效率的。

然,此时的联盟的形成是有理由的或可辩护的。

联盟的形成取决于博弈规则,在某个规则下,参与人能够形成最佳联盟,或者说错误的机会较少,我们称此时的规则是高效率的;若某个博弈规则下,最佳联盟往往难以形成,或者说形成的联盟往往是低联盟值,我们则称它为低效率的。这里我们是在统计意义上或概率意义上谈论联盟的。

我们面临如何构建高效的博弈规则,以使参与人能够或高概率地形成最佳联盟的问题?

现实中人们根据不同情况发明了多种形成最佳联盟的方法。

在不完全信息情况下,拍卖制度是建立物品与竞标者最佳联盟的方式。

某个人拥有某个物品即是拥有某个确定的资源,这个资源通过拍卖而被让渡。若有 n 个人竞争这个资源,他们与该资源的结合能够形成联盟值。这个联盟值往往不同,其中必定有一个最大值。联盟值的大的竞标者即是将该资源发挥到最佳效益的人。

问题是,谁是创造最大联盟值的人?联盟值是私人信息,对之,竞标者未必真诚地给予表达。

设立拍卖规则就是为了揭示出谁是能够将该资源发挥到最佳的人。

拍卖只是一种揭示私人信息的方式,而不是唯一的方式。针对不同的目的、不同信息,我们要采取不同的方式。

学生与学校的关系也是一个联盟的关系。如何建立联盟?既然拍卖是建立联盟的方式,高校招生为什么不能采取拍卖手段?高校在招生时,其目在有些联盟博弈中,联盟收益以减少损失的形式出现:因联盟的建立,降低或避免了本来要损失的收益。

的是招收到学习能力强的人,这样,在未来的培养过程中才能发挥学校的培养效率,而不是招收有钱人。学生的学习能力是私人信息,如何揭示学生的学习能力? 考试制度!

我们看到,在不完全信息情况下,人们建立联盟的过程中,一个有趣的现象是:信息拥有者处于弱势。因为,信息拥有者往往根据对自己是否有利而表达,因而他很容易说谎,因此,他的表达往往是不可信的。为了获取真实信息,不同情况下的甄别机制被建立起来(拍卖制度、高考制度、企业招聘)。这个制度往往是由另外一方而非信息拥有者所建立。

六、建立减少损失的联盟

上文说过,人们建立联盟是为了获得联盟收益。在有些联盟博弈中,联盟收益以减少损失的形式出现:因联盟的建立,降低或避免了本来要损失的收益。我们以警察制度为例来对之加以说明。

黑格尔说过"存在就是合理的"。黑格尔的这句话可以成为我们理解世间万物的指导方针:理解它们存在的合理性。

我们每个人都会以某个社会角色在世间"手舞足蹈",或农民,或军人,或小贩,或明星。在一生中我们可能变换我们的社会角色,也可能定格于某个角色而终其一生。我们在演某个角色时,我们与其他角色或"合纵"或"连横”，我们在上演着生存游戏。

警察与小偷是当今任何社会均存在的“社会角色”，他们是猫和老鼠的关系。没有人天然是警察，更没有人天然是小偷；成为警察或成为小偷是社会与人性的共同作用使然也。

社会发明了许多“帽子”，我们选择其中的一顶或多顶戴在头上。小偷之所以成为小偷，是因为他在人生的很长一段时间里认为，小偷是他“最优的”“人生选择”，否则的话他可以改变他的角色。这里我们说是“最优的”，而没说“最好的”，因为这里的选择评价不是从价值方面来考虑的。当然在成为小偷的某个时刻，这个时刻可能是关键时刻，他的选择可能不是最优的，否则他就不会成为小偷了。

一个人成为小偷更多地是因自己生存的需要，而成为警察则更多地是社会需要。因为若有其他更好的选择，没有人愿意做小偷；而一个社会要有秩序、经济要发展，没有警察是不可想象的。

警察的产生是因为居民的需要，而居民之所以需要警察，是因为小偷的存在。居民需要警察保护他们的财产免于小偷的偷窃，而警察也需要居民给他们提供工作，他们之间形成一个联盟，以对抗小偷。

他们之间的利益关系如何？

假定居民的财产数字为 R，在没有警察保护居民的情况下，小偷的收益为 T，居民的收益为 R－T。此时，居民和小偷之间是常和博弈状态：总财产为常数 R，居民的收益的减少将是小偷的收益增加，小偷收益减少将是居民收益增加。

居民试图减少小偷的收益,如增加防盗措施,而小偷则努力破坏居民的防盗措施。而居民的一个最有效的防止偷窃的制度是:安排专门的人员并赋予他们特殊的防盗权利,这便是警察制度。

警察的收益取之于居民。假设赋予警察的收益为 Ra,其中 a 为居民按照财产缴纳给警察的费用比率。因警察制度的设立,小偷偷窃的难度增加了,假定此时小偷的收益为 t(该值小于没有警察时的收益 T),那么,居民的收益为:R - Ra - t。

若警察制度的设立对居民没有好处,那么居民不愿意这样的制度建立。因此,警察制度能够设立的条件是:警察存在时居民的收益(R - Ra - t)大于警察不存在时的收益(R - T)。即:

$$R - Ra - t > R - T$$

由上式得:

$$T - t > Ra$$

T - t 为“消失掉的小偷”的收益或者说“潜在的小偷”的收益。这个收益即为所创建的警察与居民的联盟值。

居民与警察一起分割这个联盟值:警察得到其中的 Ra,居民得到剩下的 T - t - Ra。

因此,警察制度能够设立的条件是,“消失掉的小偷”或“潜在的小偷”的收益大于警察制度的收益,即居民能够从警察制度中获得好处(警察得到了我们可以通过与他人建立联盟创造价值，从而增加我们的收益；同样，我们可以与他人建立联盟，减少可能的损失。

固定收益 Ra）。

根据上述条件，我们得出下面几点结论：

1. 警察、居民和小偷之间是零和博弈。居民和小偷之间是对抗性的，居民将权力让渡给警察，让警察和小偷之间构成对抗性的博弈；居民和警察之间构成合作性的联盟关系。

2. 没有潜在的小偷，就没有必要设立警察。警察制度能够维持，是因为人们想到，警察制度被破坏，小偷会立刻增多，居民的情况即刻变得糟糕。因此潜在的小偷养活了警察，或者说警察抢了不合格的小偷的饭碗，使之转行。

3. 警察和居民分割了潜在的小偷的收益。

4. 警察的出现使小偷发生分工："能力强"的继续做小偷，"能力弱"的转行。也可以说，警察制度的设立使得许多潜在的小偷成为"好人"；这个制度使弱者转变成好人而不能使强者转变成好人。这倒是一个有趣的结论。

通过这个例子可以看出，我们可以通过与他人建立联盟创造价值，从而增加我们的收益；同样，我们可以与他人建立联盟，减少可能的损失。

七、构建机制以建立有益联盟

在现实中我们往往通过某种机制以建立我们希望的有益联盟。

一个好的机制是不让人说谎的机制：说谎不能增进他的收益。

在现实中我们往往通过某种机制以建立我们希望的有益联盟。一个好的机制是不让人说谎的机制:说谎不能增进他的收益。

在市场上,商人卖货物给顾客,顾客付钱给商家。商家必定说他卖的货物是真货,而不是假货。如何让卖真货的商家与顾客形成一个联盟?

在某个市场上,在没有办法甄别假货和真货的时候,购买者将给予他所碰到的货物以相同的真货概率。每个卖货者都会声称自己的货物是真货,提供假货者有成本优势。假设没有重复博弈的可能,或者卖货者无论卖真货还是假货都形成不了“声誉”,那么,卖真货者将被驱逐出市场,或者,卖真货者将改卖假货。卖假货将是均衡。

我们希望在卖真货的商家与顾客之间建立一个联盟。读者会说,建立一个处罚机制,这当然是正确的。但建立怎样的处罚机制?

假如处罚机制为:一旦有确切的证据证明货物提供者提供的是假货,他将被逐出这个市场。然而,这个机制存在这样的问题,这个市场中的提供者的人数趋于0! 原因在于,这个机制不给货物提供者改正错误的机会,因为某个偶然的因素比如他人的陷害、员工的失误将可能使得假货被提供。这样,卖真货的商家与顾客的长期联盟不能建立起来。

这样的一个机制应当是,一旦发现假货——商家背离这个联盟,假货提供者将受到处罚,但仍然允许其经营。我想,处罚的原则是:

1. 在这样的处罚机制下货物提供者不会产生主动提供假货而获利的动机。偶尔主动提供假货而获利便是“投机”,为此,应使提供假货而投机的期望所得小于提供真货的所得。若被发现的概率为 p,发现后处罚为 C,提供假货的额外收益为 E,$a = E - CP < 0$,a 为卖假货的“预期投机利润”。在“预期

一个好的社会运作机制，应当允许参与人“偶然犯错”，而不允许“长期犯错”。长期犯错不是偶然的行为，好的机制能够区分出或识别出偶然犯错与长期犯错的参与人，并给予“归类”。

投机利润”为负的情况下，没有人有投机的动机。在这样的制度下，提供真货是供货者的真实意愿。

2. 因偶然的假货提供所受到处罚的损失不足以使之退出市场。即供货者在未来提供真货时其收益减去处罚大于离开该市场的收益。机会收益构成行动成本，该成本被称为“机会成本”。某人进行某项投资，或从事某个行业，所获得的收益减去机会成本构成利润。人们正是这样进行行动选择的：收益与机会成本相比较。因此，货物提供者因某个偶然的原因，提供了假货，因处罚而带来的可能损失 $C \cdot p$ 与他继续提供真货获得的收益 R 相比较所得到的利润大于机会成本 O，即大于离开后从事其他行业的收益：$R - Cp > O$。其中 p 为假货被发现的概率。该条件为供货人继续从事供真货的条件。若这个条件不满足，因偶然的因素而提供假货者被发现后的处罚将使他离开这个市场，这是不合适的。

因此，一个有效机制能够保证卖真货者与顾客之间建立一个联盟。这个联盟对双方都有好处。

需要说明的是，一个好的社会运作机制，应当允许参与人“偶然犯错”，而不允许“长期犯错”。长期犯错不是偶然的行为，好的机制能够区分出或识别出偶然犯错与长期犯错的参与人，并给予“归类”。

某个群体中的一群人无意识而不是理性地形成某个联盟，联盟中的人相互支持，以获得一定的利益。这些联盟对联盟成员是有利的，但对社会是有害的。集体闯红灯便是行人所形成的有害联盟。

八、破坏有害联盟

某个群体中的一群人无意识而不是理性地形成某个联盟，联盟中的人相互支持，以获得一定的利益。

这些联盟对联盟成员是有利的，但对社会是有害的。集体闯红灯便是行人所形成的有害联盟。

在中国行人闯红灯是一个突出的不文明现象，它已经成为陋习，如同随地吐痰一样。其严重程度可以用"集体恶习"来刻画。这个"集体恶习"不仅影响中国人的形象，更重要的是极大地影响到社会的发展：表面的影响是城市交通的低效率；深层的影响则是，得到公众认同的闯红灯，鼓励了人们在社会的其他活动中违反规则，即形成大范围的"集体违反"或"集体不合作"。

人们的行动是在一定的约定下进行的，交通规则便是对人的通行所进行的一系列约定。"红灯"所约定的意思是"禁止行走"，闯红灯便是对约定的违反。在城市中，行人闯红灯成为一个比较普遍现象。这表明，人们集体违反交通规则，或者说，交通规则这个约定对行人无效。

在闯红灯时闯红灯的人这样想，闯红灯不会有危险，闯红灯也不会受到惩罚，闯红灯能够给我带来通行方便，我为何遵守这个约定？

因为法不责众的原因，对行人违反交通规则进行处罚难以实施，只有靠在不闯红灯的社会中闯红灯是一个受指责的行为，不闯红灯的社会的道德评价影响和改变了原来闯红灯的人。

行人“自觉”遵守交通规则，若没有内在的较强的道德约束的话，交通规则是不起作用的。

人们对交通规则的遵守或违反，更重要的是来自于他人的道德压力。若行人都不闯红灯，在众目睽睽下唯有我闯红灯，我感到羞耻，我不洁的心灵暴露在众人的目光之下。此时，我会自动遵守规则。若行人都闯红灯，我也闯红灯，我对我闯红灯的行为不感到羞耻，因为大家彼此彼此。这如同在澡堂洗澡，大家都脱光衣服，谁都不笑话谁。

在这个意义上说，闯红灯的众人便形成了一个相互支持的联盟，这个联盟当然是对社会有害的联盟。

我们试想一下，一个闯红灯的人到了一个不闯红灯的社会之中时会发生什么？他闯红灯的行为将很“突出”，他这样的行为被人们指指点点，使他感到羞耻；这个社会的人们甚至会归纳地得出他的其他行为也不遵守规则的结论，他感到得不偿失。

人是善于学习的动物。从他人目光中，他发现在这个社会中遵循交通规则是常态，闯红灯则不为这个社会所容，他将逐渐调整自己的行为而不再闯红灯。因此，在不闯红灯的社会中闯红灯是一个受指责的行为，不闯红灯的社会的道德评价影响和改变了原来闯红灯的人。

一个原来不闯红灯的人到了一个闯红灯的社会中情况会如何？他同样会改变原来的不闯红灯的习惯。但是，不同的是，在闯红灯的社会中，不闯红灯不是受指责的行为，而是不被鼓励的行为。在这样的社会中人的道德感会被弱化直至消失，因为道德是社会现象，当大多数人认为闯红灯不是不道德的行为时，不闯红灯的人会逐渐改变自己的想法。

在不闯红灯的社会中，加入不闯红灯的联盟是有利的，不加入到这个联盟反而对自己不利。而在闯红灯的社会中，加入闯红灯的联盟是不利的，不加入这个联盟也没有好处。这是由于道德缺失所造成的。

如何改变闯红灯这样的"集体恶习"？我们无法将闯红灯的人一个个地送到不闯红灯的国家逐渐教化，即使这样，教化好的人回来后同样能够再次入乡随俗，而使这个方法无效。我们也不能通过惩罚的方法来进行，因为惩罚的方法短期是无效的，长期也无法实施下去。

似乎是，我们只有通过道德教化让每个人内心中产生遵循交通规则的道德约束，除此之外而无其他方法。当遵守交通规则成为大多数人的行为时，闯红灯的人将感到压力和羞耻。当然，这是一个慢工夫。

可以进行这样一个尝试，在某个中小型城市，最好是小型城市，建立遵守交通规则的特区。城市管理者通过特定措施，使得城市的每个人都遵守交通规则，遵守交通规则是"集体行为"。这个城市中的人成为不闯红灯的社会。其他城市的人到这个城市将得到一定程度的"教化"。通过媒体的宣传，这个城市将起到典范作用，以带动其他城市。

这个城市满足什么条件？我想，这个城市的本地人口要占绝对多数，这样方便交通管理；人文环境要好，利于教化和法规的执行。

城市管理部门设计一套宣传和执行计划，这样的计划包括如何建立起文使一个效率低的群体的效率得到提高的一个方法是:加入“粘合因子”(或称合作因子)。这个粘合因子可以是人,也可以是规则。

明的“行风”,另外一方面如何将之维持下去。

九、加入粘合因子

一个群体的运转效率取决于是否合作,一个运转效率高的群体往往是没有内耗或内耗小的群体。我们常说,中国人内讧,指的是一群中国人组成的群体内耗高,没有合作精神。

对一个合作程度低的群体进行治理是一个“治疗”的过程,合作程度低的群体是一个“不健康”的群体。产生不健康的原因有多种,找到原因才能对症下药,并且治疗方法也有多种,正如同样的病有不同的药均能够治好一样。

使一个效率低的群体的效率得到提高的一个方法是:加入“粘合因子”(或称合作因子)。这个粘合因子可以是人,也可以是规则。

若我们把某个人加入到某个群体中,这个群体的运转效率提高,或者他的离开使得该群体的运转效率降低,我们说,他就是粘合因子。若我们给某个群体引入某个规则,该规则使得该群体的效率提高,该规则也是粘合因子。

历史上当权者控制局势的一个常用的方法是“掺沙子”,在本来合作的下属中加入与之不合作的人,从而从中渔利。与之不同的是,“粘合因子”被加入到本来不合作或者说欠合作的群体中,该群体合作程度提高了。加入提高群体合作程度从而提高效率的方法往往是加入某个制度，或改进某个制度。

"粘合因子"可以说是"掺水泥"。

提高群体合作程度从而提高效率的方法往往是加入某个制度，或改进某个制度。这个加入的制度或改进的制度可以称为粘合因子。

例如，人们常说："一个和尚挑水吃，两个和尚抬水吃，三个和尚没水吃。"在有三个和尚的情况下，他们如何才能有水吃？

只有一个和尚的时候，他若要吃水，他只有自己一个人去取水吃，技术条件（通过扁担和两个水桶取水）允许他能够取得水，他人也不会不劳而获，与之争水吃。两个和尚的时候，有两个人合作取水的天然技术条件——两人用扁担一前一后地抬水，没有剥削者，也没有被剥削者。而当和尚数达到三个的时候，不存在三个和尚一起合作取水的技术条件，谁都希望他人取水而自己"搭便车"——成为剥削者，这样谁都没有水吃。和尚大于三个的时候，更是这样。

这与囚徒困境有点类似，但不完全是囚徒困境。每个人都希望其他人取水，而自己不劳而获：他人取水，自己不取水是最优选择，因为可以喝到他人的水；若他人不取水，按照常理，自己应当取水，否则没有水喝，但是"计较心"使我这样想：凭什么我取水，你们占便宜？因此，谁都不去取水！

现实的情况会这样吗？当然不会。这样的"和尚群体"会自然地解决这个难题。我们来想象一下他们的解决办法。

第一种方法是，其中一个力量大的和尚"用武力逼迫"另外两个和尚去挑水，而自己坐享其成。这三个和尚都有水吃了。这个力量大的和尚依据自己的意志对取来的水进行分配，从而成为独裁式的管理者。

第二种方法，三个和尚进行“约定”，轮流挑水或者轮流抬水，将取来的水在三个人之间进行分配。

这里的第一种方法即“武力逼迫法”便是独裁的方法，第二种方法即“约定法”是民主的方法。无论是哪种方法都是制度形成的方法。

“效率”和“公平”是评价制度好坏的两大标准。

在这个例子中，使用武力逼迫另外两个和尚去取水，明显不公平：因为力气大的这个和尚坐享其成，而另外两个和尚的意志处于被强迫的状态，在利益上处于被剥削的状态；但是它是有效率的：大家都有水吃了。大家商量着来取水，当然是公平的，每个人的意志得到尊重；若约定能够形成和被遵守的话，它也是有效率的。这样的约定往往难以形成，尤其是和尚的规模达到一定程度的时候；这样的约定也不一定能够总被遵守，即这样的机制往往是脆弱的，因为每个人都有“机会主义”的倾向或者在无意中违反了约定。一旦有人违反了约定，这个机制将被打破。

十、稳定的联盟：发挥特长

在某个时刻，多个参与人为了利益能够结成联盟，而时过境迁，联盟存在的利益基础消失，联盟便不再能够存在。这样的联盟是暂时的，春秋战国时

若单个参与人之间的先天能力是互补的，
那么这样的联盟就能够是长久的，或至少
是相对长久的。

期各个诸侯国之间便上演这样的联盟博弈。

没有永恒的朋友，也没有永恒的敌人，而只有永恒的利益。因为利益，朋友与敌人在变化着。

如何形成相对长久的联盟？你会说，只要利益基础存在。但没有人能够保证利益基础不随时间的变化而变化。

那么是否表明，不可能有长久的联盟？回答是否定的。若单个参与人之间的先天能力是互补的，那么这样的联盟就能够是长久的，或至少是相对长久的。

动物界的共生性关系便是这样的永久性联盟，我们在前面已经叙述过。再举一个例子，我们经常用成语“狼狈为奸”骂坏人联合起来做坏事，而之所以有这样的成语，是因为我们认为“狼”“狈”能够相互合作：狼的前腿长，后腿短；狈则相反，前腿短，后腿长。狈的前腿搭在狼的后腿上就能够一起行动。

我不清楚是否真的有狈这种动物，也不清楚狼与狈是否真的能够相互支持。但这个成语的启示是，要想长期合作即形成永久性的联盟，相互分工、发挥特长是必须的。只有这样，才能形成持久性的相互依存关系。

再比如，麦当劳的加盟店与总部的关系便是一个分工关系：总部进行品牌维护与宣传、质量控制等，而各加盟店则拓展市场。

第10章 从联盟到集体

当一个联盟形成确定的目标，并且存在相应的可选择的行动——这些行动是联盟中的成员按照协议所做的行动时，此时，联盟便成为一个“集体”。

一个集体是一个具有独特的“公共信念”和共同的行动目标的组织。因为这种共同的信念和目标，集体往往较之于联盟有更强的稳定性，也更有效率——集中资源优势创造价值。

然而，效率并不等于公平，集体中若存在分配的不公平甚至是持续的不公平的现象时，集体同样存在着瓦解的危险。

消除集体当中的持续不公平现象，只有从制度上着手，消除这个集体的行动协议即制度的“不合理”。

当一个联盟形成确定的目标，并且存在相应的可选择的行动——这些行动是联盟中的成员按照协议所做的行动时，此时的联盟能够作为“一个”参与人来看待，此时，联盟便成为一个“集体”。

一、什么是“我们”？

联盟是多个参与人在协议下的集合体。联盟中的每个成员有自己的目标并有相应的利益，“联盟值”为各个参与人的利益总和。

当一个联盟形成确定的目标，并且存在相应的可选择的行动——这些行动是联盟中的成员按照协议所做的行动时，此时的联盟能够作为“一个”参与人来看待，此时，联盟便成为一个“集体”。

在一部电影中，主人公说：“人民？我看不到人民，我看到的只是一个个人！”因此，一个集体不是一组参与人构成的集合，尽管一个群体是由一组人所组成的；一个集体也不是一堆参与人的聚集。某个企业的所有员工能够成为一个集体，而“所有姓潘的中国人”不能成为一个集体，尽管姓潘的中国人可以构成一个集合；某个时刻如2009年8月8日上午9时南京火车站的旅客也不能构成一个集体。

那么什么是一个集体呢？一个集体是参与人所形成的组织，它是有结构的人群集合体。当然这不能成为一个完整的定义。

某个参与人构成组织能够成为一个集体，其特征是：该组织具有独特的“公共信念”，具有行动空间，具有目标，等等。具有这样特征的组织能够被看成一个博弈参与人，能够与其他集体进行博弈。

"公共信念"是一种集体性认知。公共信念使该群体具有排他性：它不是群体外的成员的公共信念。

我们知道，博弈参与人是现实人的抽象，他拥有"认知"。我们往往用信念来刻画人的认知。人有心灵，认知活动是心灵的一个活动。而对于集体，它也有认知，如同人一样，"公共信念"便是一种集体性认知。当然，集体没有一个被称为"公共心灵"的东西。

某个群体中的所有人相信某个命题，此时，该命题还不是该群体的公共信念。共同信念涉及"互信"。某个命题为公共信念，首先它是集体中每个成员的信念，其次它是该群体"公共的"信念：每个成员相信它，每个成员相信每个成员相信它……

没有公共信念的人群集合体不能成为一个集体。具有某些公共信念是成为集体的必要条件。同时，公共信念使该群体具有排他性：它不是群体外的成员的公共信念。

然而，集体不仅有公共信念，还有可选择的行动，有行动目标，有对成员的规定等等。

集体不同于阶级、阶层等。阶级、阶层等是由某些具有"共同特征"人群组成的集合体，如知识分子阶层。这些特征可以是社会特征，也可以是自然特征。一个阶级或阶层产生于某人群集合体对自己的特征有所意识即"群体意识"。

集体中的成员比阶级、阶层中的成员联系紧密。集体能够像一个人那样行动，而阶级或阶层不能，这也就是为什么无产阶级自身很难（如果不是不可能的话）起来革命、而共产党能够领导无产阶级起来革命的原因。

若集体中所有成员在集体之中获得利益比不在该集体之中获得的利益要大，那么该集体之存在是合理的。

二、集体行动的效率与公平

联盟往往是暂时的，它随时可以瓦解。集体则不同，集体具有稳定性或持续性。一个集体为了保持其稳定性往往构建维持稳定的机构，也可以说，集体具有一定的强制性。当然，这不表明，集体不能瓦解。

若集体中所有成员在集体之中获得利益比不在该集体之中获得的利益要大，那么该集体之存在是合理的。此时，每个成员对其状况都“满意”。但是，我只能知道我在该集体中获得的利益，我怎么知道我“不”在该集体的利益呢？不在该集体之中意味着我在其他集体之中，而其他集体包括现实的其他集体也包括可能的其他集体，在这些集体中的状态我是不能知道的，除非其他集体是在我的眼前。

集体为了使成员对在集体中的状态感觉满意，往往虚假宣传其他集体中的成员“生活在水深火热之中”，言下之意是，你当下的生存状态是最好的。

然而，一个集体并非在任何时候都能够保证成员“满意”，宣称也并非总是那么有效。这样，集体中的冲突时刻存在。集体存在压制这种冲突的措施。

这种压制有时是合理的。一个集体中的某个或某些成员对他们在该集体中的利益“不满意”，而他们对之不满意的利益会使得其他人的生存状态一个集体并非在任何时候都能够保证成员“满意”,集体中的冲突时刻存在。集体存在压制这种冲突的措施。

更好,集体往往采取压制的方式对待他们。如:2003 年初“非典”流行,2009 年上半年“猪流感”流行,医疗部门对可能患上非典或猪流感的“疑似”人员或与疑似人员有过接触的人员进行强行隔离。这些人被强行隔离,不能像其他人一样,失去一定的自由。然而,社会中的其他人获得了安全感。社会将犯罪者送入监狱,其作用有两方面:一方面是对他们所犯罪行进行惩罚;另外一方面将他们与社会隔离开来,避免他们对社会的其他人造成可能的伤害。

集体中的这种为了“集体的利益”而牺牲某些个体的利益的做法往往通过强制的方式进行,因为这些成员不愿意主动牺牲自己的利益。为了使这种强制能够进行,集体往往预先制定了某些规则,对于国家来说,这便是“法律”。规则针对集体中的所有人。人人都可能犯罪,法律面前人人平等。也有些规则是针对特定的人的,如我国的法律所规定的,无产阶级对资产阶级的专政。

有时,集体通过“集体主义的”道德宣传,而使集体中的个人抑制自我利益。这样的宣传有“人民的利益高于一切”,“牺牲小我成就大我”等等。

一个集体所做出的行动能够使所有人都受益,那么该行动之实施能够增进所有人的利益。该行动在实施中往往没有实施阻力。但该行动的形成则是一个问题。

若没有替代性的行动选择,无论是专制的方式还是民主的方式,该行动方案都能够获得通过。此时,它是帕累托路径。

若存在替代性的行动选择,尽管该方案对所有人都有好处,它未必能够集体所进行的行动往往要调动集体的行动资源,而这些行动资源属于集体中的每个人的,因而每个人都有享有这些资源的权利。这样,一个集体行动应当给集体中的“所有人”,而不是大多数人,更不是少数人带来利益。

在民主方式下获得通过。而其他方案会使某些人获得好处、某些人境况变坏,但可能在民主程序下获得通过。

我们看一个例子:有A、B两个行动方案,A方案之实施对所有人有好处,而该集体中半数以上的人从B方案中获得好处要大于从A方案中获得好处,在少数服从多数的投票规则下,B方案获得通过。而在B方案下,少数人境况更差。

表10-1便表明这样的一个情况:在方案A下,成员(或群体)甲、乙、丙的收益均为1,而在B方案下,甲、乙的收益为3,而丙的收益为-3。若让集体在A、B中进行投票时,方案B会被选出,尽管丙强烈反对。因为:B方案下甲、乙的收益是以丙利益的“牺牲”来获得的。

表 10-1

	A	B
甲	1	3
乙	1	3
丙	1	-3

如何解决这样的问题?

集体所进行的行动往往要调动集体的行动资源,而这些行动资源属于集体中的每个人的,因而每个人都有享有这些资源的权利。这样,一个集体行动应当给集体中的“所有人”,而不是大多数人,更不是少数人带来利益。当然这不是说,我们就应当采取所有人都获得好处的方案。

一个集体理性的行动是：该行动是最优的——群体中成员的总收益最大；并且该行动下每个成员都获得好处。前者涉及的是“效率”问题，后者涉及的是“公平”问题。

一个集体理性的行动是：该行动是最优的——群体中成员的总收益最大；并且该行动下每个成员都获得好处。前者涉及的是“效率”问题，后者涉及的是“公平”问题。

为此，解决方法是，计算出一个最优方案，然后建立一个“补偿机制”，给那些在该方案下利益受损的群体予以恰当补偿。这样的机制能够形成是因为集体是一个有执行力的组织。当然，补偿多少？这要根据具体情况进行分析。

在表10-1中，在B方案下三人“总收益”与A方案下的相等，可看成是常和博弈，此时，在B方案下不可能通过给予丙的补偿，而使三个人状态好于A方案下的状态。我们假定有第三个方案C，在该方案下，甲和乙的收益比A要大，但不如B，而对于丙，他的收益不如A，但比B要好。见表10-2。

表 10-2

	A	B	C
甲	1	3	2
乙	1	3	2
丙	1	−3	0

此时，C方案能够通过投票而得以选出吗？当然不能选出。

尽管如此，若存在补偿机制，方案C将可能被选出，因为C下的三人的“总收益”之和大于A、B方案下的“总收益”，在C方案下，通过补偿机制，三人均能够实现比A、B方案要好的收益。而这只有在“集体”的状态下才能够

> 一个群体的剥削现象不是发生于某个集体行动之中，而是发生于一系列行动之中。若在多个或一系列集体行动中，某个人或某些人总是吃亏，或者某个人或某些人总是赚便宜，这种不公平现象便不是偶然的。这便是剥削现象。

实现。当然，至于如何进行补偿，则是一个讨价还价的问题，此时，“公平”问题便出现了。

在我们的社会中这种集体行动的补偿机制随处可见，如我国当前对农业补贴、取消农业税的措施便是这种补偿机制的具体措施。然而，由多个成员组成的大的集体远非这里所举出的只有三个人或三组人那样简单，其行动往往比较复杂，因而补偿机制也较复杂。

由此看出，仅仅投票表决不能解决集体理性问题，一个集体需要根据具体情况建立公平的补偿机制。

三、消除集体中的持续不公平

在一个集体之中，若该集体的某些人，或某些人组成的亚集体，生活得更好，而他们生活得更好是建立在某个人群组织生活得更差的基础上的，这样的现象便是剥削现象。前者是剥削者，后者是被剥削者。

一个群体的剥削现象不是发生于某个集体行动之中，而是发生于一系列行动之中。在某个行动中某个人或某些人吃亏，某些人赚便宜，这种不公平现象是偶然的，它不能成为剥削现象。若在多个或一系列集体行动中，某个人或某些人总是吃亏，或者某个人或某些人总是赚便宜，这种不公平现象便不是偶然的。这便是剥削现象。

> 一个成员或一个确定的人群（亚集体）是否为剥削者或被剥削者，要看他在一系列行动之中的“平均收益”（或“总收益”）。

一个成员或一个确定的人群（亚集体）是否为剥削者或被剥削者，要看他在这一系列行动之中的“平均收益”（或“总收益”）。一个确定的人群组织平均收益大，他们便是剥削者，而另外的某个人群组织的平均收益低或者收益降低，他们便是被剥削者。一个集体存在剥削者，必定存在被剥削者；反之亦然。

剥削是“持续的不公平”，某个集体存在剥削表明这个集体的行动协议即制度“不合理”。也就是说，制度的不合理造成集体中的持续不公平。剥削发生于任何制度之中，既发生于专制制度之中，也发生于民主制度之中；既发生于资本主义制度之中，也发生于社会主义制度之中。

通过专制，少数人能够实现对多数人的“剥夺”；通过某个集体行动，少数人获得较大利益，而多数人利益受损，或获得与其贡献不相称的利益。民主制度能够保证所有人的利益吗？不一定。

投票是民主制度的表面决策形式。然而，通过投票，多数人能够实现对少数人的剥夺。集体需要集体行动。在是否采取某种集体行动的投票中，这是可能的：某些人的利益可能得不到提高，甚至可能降低，然而，因为他们处于少数的位置，为弱势群体，尽管他们投票反对，但他们的反对票不起作用。

一般而言，一个集体之中的某个人不是时时都是少数者，因而并非时时都是“被剥削者”。一个集体有其存在的合法性，就在于该群体中的每个人通过集体行动获得其他地方不能获得的利益或预期利益。有可能的是，某个人或某些人在某个集体行动中利益受损，但他们在其他地方能够获得利益。

剥削是"持续的不公平",某个集体存在剥削表明这个集体的行动协议即制度"不合理"。

即,平均而言,他们待在该集体之中是有利的。他们遵守集体的约定包括投票规则,接受投票结果。

然而,若一群人时时都是被剥削者,他们是不幸的;在任何集体行动中,他们都是利益受损者,他们便形成一个阶层。这便是民主制度下的不公平或剥削现象。他们不满意这个集体,他们希望退出这个集体。于是集体便面临着瓦解。

集体瓦解如果对所有人的利益都有所增加,这样的瓦解是合理的。但在很多情况下,并非如此。集体的联盟值大于瓦解后各个成员的联盟之和,而之所以发生瓦解是因为持续不公平造成的。因此,为了避免瓦解,只有在制度上进行完善,消除剥削,才能对所有人都有益。

结　　语

一、能力是合作的前提

无论是在联盟博弈中，还是在非联盟博弈中，他人试图与你合作是因为你拥有某种不可忽视的“能力”。而正因为这个能力，使你能够在与他人的合作中带来利益。这个能力使你与他人一起创造价值：或者能够使他人情况更好，或者能够使他人的境况变差。你的能力构成你的“价值”。

你的能力影响你和周边人的生存状态。参与人的能力体现在两个方面，或者给他人带来好处，或者给他人带来坏处。若你没有这样的能力，他人将无视你的存在，你被认为没有价值。因此，价值便是你给他人带来好处或坏处的能力。

当你的能力能够给他人带来可能的好处的时候，他人试图与你合作以实现这样的好处，当然这个好处要在你与他人之间进行分配。在生活中，人们往往巴结有权势的人，因为有权势的人能够利用职权将权力变成实实在在的利益，巴结者通过行贿得到实实在在的好处，权势通过受贿实现了联盟值的分配。

当你的客观存在的能力能够给他人可能的坏处的时候，你的能力对他人的生存造成威胁。当他人无法消除你对他的威胁的时候，他人便正视你的存在，试图与你合作以避免你的能力给他造成伤害。在生活中，人们往往不敢无论是在联盟博弈中，还是在非联盟博弈中，他人试图与你合作是因为你拥有某种不可忽视的“能力”：你的能力构成你的“价值”。

“得罪”坏人，若得罪坏人，他会伤害你。

当然，一个人的价值或能力在不同的情景之中往往是不同的。如在联盟博弈中，特定联盟的特征值即联盟值取决于成员的力量以及搭配方式，某个成员是否被接纳为某个联盟的成员，成员的力量起决定性作用。工人应聘到企业里为企业创造价值，价值的多少取决于该工人的能力以及企业给他提供的机器设备，不同的工人在同样的机器设备的条件下因自身的能力的不同，创造的价值也不同。因此，企业是否接纳某个员工，取决于员工的力量。而对于应聘者而言，在不同的企业里因机器设备的不同其创造的价值也会不同，他自然选择提供给他创造最大价值的企业，这样他才能够获得尽可能多的收益。因此，无论是企业还是员工，看重的是对方的能力。

因此，合作的前提是，你必须有足够的能力。生存是残酷的，合作与竞争中的人都是“势利的”。若你没有足够的能力，你对他人没有价值——不能带来利益，也不能带来损害，他人可以无视你的存在，或藐视你的存在；当你具备一定的能力的时候，他人开始正视你；而当你的能力很强的时候，他人开始巴结你……人与人之间如此，阶层之间如此，国家之间也是如此。

二、理性与情感

社会中的人是有情感的，我们的爱或恨使我们超越了或影响了利益的计在人生关键的与生存相关的博弈中，人们应当多些理智，少些冲动，既不能因为心中的恨，我们就与他人永远不合作，也不能因为心中的爱就与他人永远合作。

算。或者说，爱或恨本身就是利益的一部分。因为爱，我们的许多行动往往不计后果；因为恨，我们的行动也可能不择手段。

情感与理性是相互缠绕的。有时，它们是相互促进的；有时，它们是相互抑制的。情感影响到合作。爱能够产生信任，而信任是合作的基础，因而互爱的双方容易合作；恨则使双方相互不信任，不信任则会破坏本来能够进行的合作，因而，恨，尤其是相互的恨，使合作难以进行。

在特殊情况下，人们能够超越情感。在《孙子兵法》中孙武说："夫吴人与越人相恶也，当其同舟而济。遇风，其相救也若左右手。"(《孙子兵法·地篇》)在一条船上，相恶的两个人会自动地合作。每个人与对方合作，不表明他们喜欢对方或者说为了对方的生存，合作是为了自己的生存——若不合作，自己会死亡。同样，三国时代，孙权与刘备结盟，不是因为相互喜欢对方，而是不得已而为之，面临强大的曹操兴兵南下，孙刘若不结盟，其结局只能是一个个地被消灭。

没有一个统一的完美人生模式。不能说绝对理性的人是完美的，也不能说极度情感的人是完美的。因为理性过头的人是令人生厌的，而只生活在情感世界中的人也是很难适应社会的。然而，我要说的是，在人生关键的与生存相关的博弈中，人们应当多些理智，少些冲动，既不能因为心中的恨，我们就与他人永远不合作，也不能因为心中的爱就与他人永远合作。

人们之间的情感不是一成不变的。人生是一个过程，在这个人生过程中所发生的事件造成了敌人和朋友，造成了我们对他人的爱或恨这样的情感。

合作不是人与人之间的最高境界。人与人的最高境界应当是审美状态：自然和他人均构成我的审美对象。

这些情感同样会因新事件的发生而发生变化：或者加深合作方原来的情感，或者改变了原来的情感。两个人本来是仇人，因突发事件使得他们为了自己的生存不得不相互协作，经历了多个事件，他们会消除原来的仇恨而成为朋友。

国家之间何尝不是这样？对于国家而言，敌人和朋友更是在时间之中的，他们随着博弈的进行而发生变化。想一下我们与越南、日本、美国等国家过去的关系变化，就能够明白这一点。

因此，我们要记住历史，因为历史毁灭了其他可能的现在而造就了现实的现在，但我们更要考虑未来，因为未来能够使我们清晰地把握现在，而走向我们希望的未来。

三、从合作到审美

合作不是人与人之间的最高境界。人与人的最高境界应当是审美状态：自然和他人均构成我的审美对象。

博弈有它的语言学基础。在我们的语言使用之中，存在"我"、"你"、"他"之分。存在"你"、"我"之分便有利益之分，便有博弈。存在"你"、"我"之分，才有"我们"与"他们"，因而才有合作的可能。在合作中，仍然存在"你的"利益、"我的"利益之分。

> 在审美状态下，他人不是与我发生冲突的对象，也不是合作对象；他人与我不是利益关系，他人是我的审美对象，当然我也是他人的审美对象。

博弈中，无论是合作还是竞争，他人是我利益相关的对象。在我看来，他人是理性人，在他人看来，我也是理性人。

而在审美状态下，他人不是与我发生冲突的对象，也不是合作对象；他人与我不是利益关系，他人是我的审美对象，当然我也是他人的审美对象。

在任何历史阶段中，包括现时代，人和人之间的一般性的关系都不是审美关系。资本主义阶段，工人与资本家之间是冲突的；工人之间是合作的，以对抗资本家。工人之间、工人与资本家之间都不是审美状态。在社会主义初级阶段，尽管和谐是或应当是主旋律，但生产力还没有得到极大发展，人们的物资还没有较大丰富，人们还在为生活而奔波；人与人之间是互利的合作关系，同时还存在冲突与不和谐。因此，在社会主义初级阶段人与人之间远没有达到普遍的审美状态。

处于审美状态的人不是计算着的人，其心灵是宁静的、愉悦的，也是高度自由的。在这样的社会中，我是他人的审美对象，他人也是我的审美对象。

这样的社会是我们的理想与目标。

主要参考文献

1. Steven J. Brams Alan D. Taylor: *The Win-Win Solution: Guaranteeing Fair Shares to Everybody*, W. W. Norton & Company 1999.

2. Andrew Colman: *Game Theory and Experimental Games: The Study of Strategic Interaction*, Pergamon Press, 1982.

3. H. W. Kuhn and A. W. Tuker(eds): *Contributions to the Theory of Games*, Princeton University Press, 1953.

4. Von Neumann and Morgenstain: *Theory of Games and Economic Behavior*, New York: John Wiley & Sons, 1944.

5. 罗伯特·阿克塞尔罗德:《合作的进化》,吴坚忠译,上海人民出版社 2007 年版。

6. 肯·宾谟:《博弈论与社会契约》,王小卫、钱勇译,上海财经大学出版社 2003 年版。

7. 罗杰·B. 迈尔森:《博弈论:矛盾冲突分析》,于寅、费剑平译,中国经济出版社 2001 年版。

8. 丁·J.奥斯本、阿里尔·鲁宾斯坦:《博弈论》,中国社会科学出版社 2000 年版。

9. 约翰·纳什:《纳什博弈论论文集》,首都经济贸易大学出版社 2000 年版。

10. 潘天群:《博弈思维——逻辑使你决策致胜》,北京大学出版社 2005 年版。

11. 潘天群:《博弈生存——社会现象的博弈论解读》(第二版),中央编译出版社 2004 年版。

后　记

人类有太多灾难，这些灾难是因冲突而起的，这些冲突充斥于耳。本人希望通过自己的思考能够对消除或降低人类的冲突起到绵薄之力。但因能力有限，某些问题浅尝辄止，没有分析清楚；其中错误也肯定不少，希望读者谅解。本人十分希望能够与读者讨论本书所涉及的问题。

“为谁写作?”这是中国目前学术界的大问题。在今天的学术界，许多书只是为自己写的，但不是为自己名留青史而写的，而是为“稻粱谋”，为自己的职称或课题而写。好一点的书是为圈内人写的。

这是生产学术垃圾的时代。许多著作的写作其目的是出版本身，而不是出版之后让读者来阅读。许多学术著作或论文几乎为“零读者”。有的所谓学术著作一出版就几乎被送进废品收购站。著作如此，论文如此。

我想，评价学者的一本书的一个标准应当是，该作品影响了多少人。然而，人们可能这样认为，一部作品在其作者在世时没有被多少人读过，没有多少人欣赏它，但是后世的人将它视为经典，许多经典的命运皆如此。确实，你怎么知道，我的作品不被未来的人们重视？你怎么知道未来我的书或文章不是经典？正是未来的开放，使得制造无价值的作品的流行。

本人试图摆脱当前知识阶层的这种群体意识。本人写作的过程是一个思考的过程，本人希望更多的读者能够与我共同思考本书所涉及的问题。本书的写作策略之一是，尽可能让读者看得懂，本书尽量不用技术符号来表达；策略之二是，尽可能有深度，为此，对涉及的问题，本人力图做出深入的分析并给出自己的观点。

许多著作非作者本人在写，在那些书中作者邀请了好多名人出场，作者只是一个剧本角色的安排者，并且是拙劣的安排者。本书坚持“我”在写，或者说，一直是“我”在表白。尽管必要时也邀请他人来客串一下，但他们不是主角。

本人写作本书的愿望是，给读者带来启发。若本书中的“空谈”能够对读者的人生选择或工作有所帮助，本人就满意了。

好的作品是用心血写成的，每个词、每句话都字斟句酌、推敲而成。本书远没有做到这一点。由于本人能力有限，在本书中错误不少；书中有些问题的深入分析或解决也非本人能力所能及；很多想法也不成熟。希望读者批评指正。

本人深知，一本书得以问世，凝聚了多人的劳动，作者只是做了其中部分工作。十分感谢北京大学出版社的杨书澜、闵艳芸两位女士，感谢她们对本书所给予的出版支持、修改建议以及付出的辛勤劳动。

潘天群

2009 年 8 月于南京龙江